山区小流域水生态文明建设评价与关键技术研究

马巍 李翀 班静雅 兰瑞君 等 著

中国水利水电出版社
www.waterpub.com.cn
·北京·

内 容 提 要

　　本书以北京雁栖湖生态发展示范区为研究对象，系统介绍了水生态文明建设的相关概念与理论内涵，并结合示范区实现"低碳、绿色生态、节能节水"建设目标的需求，建立了适合雁栖湖山区小流域自然环境特点和人类活动规律的水生态文明建设评价指标体系，确定了评价指标目标阈值及其相关计算方法，解决了示范区水生态文明建设评价中的入湖污染物总量控制与水环境承载能力计算等关键技术问题，评估了雁栖湖生态发展示范区水生态文明状况及近期示范区建设目标的可实现程度，提出了符合雁栖河示范区水资源特点、水生态条件的河域水生态文明建设对策与建议，为北京雁栖湖生态发展示范区"低碳、绿色生态、节能节水"目标的顺利实现提供科技支撑。

　　本书可为山区小流域水生态文明建设、流域污染物总量控制与水污染综合治理、水环境承载能力计算等学科的研究者提供参考。

图书在版编目（ＣＩＰ）数据

山区小流域水生态文明建设评价与关键技术研究 /
马巍等著. -- 北京：中国水利水电出版社，2019.6
　ISBN 978-7-5170-7751-0

　Ⅰ. ①山… Ⅱ. ①马… Ⅲ. ①山区－小流域－水环境
－生态环境建设－研究－中国 Ⅳ. ①X143

中国版本图书馆CIP数据核字(2019)第120010号

书　　名	**山区小流域水生态文明建设评价与关键技术研究** SHANQU XIAO LIUYU SHUI SHENGTAI WENMING JIANSHE PINGJIA YU GUANJIAN JISHU YANJIU	
作　　者	马巍　李翀　班静雅　兰瑞君　等　著	
出版发行	中国水利水电出版社 （北京市海淀区玉渊潭南路1号D座　100038） 网址：www. waterpub. com. cn E - mail：sales@waterpub. com. cn 电话：(010) 68367658（营销中心）	
经　　售	北京科水图书销售中心（零售） 电话：(010) 88383994、63202643、68545874 全国各地新华书店和相关出版物销售网点	
排　　版	中国水利水电出版社微机排版中心	
印　　刷	清淞永业（天津）印刷有限公司	
规　　格	184mm×260mm　16开本　12印张　270千字	
版　　次	2019年6月第1版　2019年6月第1次印刷	
印　　数	0001—1000册	
定　　价	**58.00元**	

　　凡购买我社图书，如有缺页、倒页、脱页的，本社营销中心负责调换

　　山区小流域是首都北京的天然生态屏障和主要的水源涵养及供给源地，也是居民休闲旅游度假胜地。山区小流域的水资源保护和水环境治理直接关系到首都饮用水安全和生态环境安全，对首都经济社会的可持续发展具有重要的战略意义。然而，随着郊区经济社会的快速发展，一些小流域持续不断的开发建设，水资源、水环境问题逐步出现并呈现累积，一些小流域的生态功能、水源涵养功能以及旅游休闲功能正面临退化的风险。

　　雁栖湖流域是北京市北部典型的山区小流域，位于北京市怀柔区雁栖镇。雁栖湖由东、西两个湖区组成，水面宽阔，湖泊容积 3830 万 m^3，水面积达 230hm^2，湖岸线超过 20km，坝前最大水深 25m，因每年春季常有成群的大雁在此栖息而得名。雁栖湖流域包括西栅子、八道河、交界河、莲花池、神堂峪、长园、柏崖厂 7 个小流域，流域总面积 128.7km^2。雁栖河发源于怀柔区八道河乡，是海河水系潮白河支流怀河的主要支流之一，是雁栖湖的唯一入湖河流。雁栖河主河道长 42.1km，主要支流——长园河长约 8km。近年来，随着雁栖湖流域旅游产业的飞速发展，该流域平均每年接待游客上百万人次，渔场养殖排水、生活污水、生活垃圾污染严重，河道水质明显下降，其水环境状况直接影响着雁栖湖水体富营养化发展进程，也直接影响雁栖湖周边居民的饮用水安全。

　　"三道防线保水源，青山绿水绕身边"，一直是北京市水土保持工作追求的目标。为治理雁栖湖流域的水环境问题，自 2005 年以来，北京市与怀柔区政府及相关部门多次组织实施了小流域污水资源化工程、京津风沙源治理工程，开展了"北台上水库上游雁栖湖流域水环境承载能力研究""雁栖湖上游湿地恢复与养殖水体治理"项目建设，加大了雁栖湖流域水环境监督管理与检查力度，从多方面做出了努力，以减少雁栖湖上游河流的水质污染，保证并改善雁栖河的水环境质量。同时，随着雁栖湖生态发展示范区的建设，示范区污水处理工程、污水干线等工程随之开展建设与治理，以减轻并逐步防止雁栖湖上游入湖河流的水质污染，保证雁栖湖流域河湖水环境质量的安全，实现人水和谐，维护河道健康生命，实现水土资源的可持续利用、经济社会生态环境的可持续发展。

雁栖湖生态发展示范区的建设，以打造国际一流的生态发展示范区和高品质生态旅游与文化休闲胜地及成为首都国际交往与发展成果展示的重要窗口为目标，以"低碳、绿色生态、节能节水"示范区为区域功能定位。2014年11月APEC会议已成功在雁栖湖召开，2017年，第一届"一带一路"国际合作高峰论坛在雁栖湖召开。雁栖湖日益成为北京国际电影周、大型国际国内会议及会展活动的平台。因此，这就要求以雁栖湖为主体的雁栖湖生态发展示范区拥有良好的水环境质量和健康的流域水生态系统。雁栖湖生态发展示范区水生态文明建设水平，不仅受 21km^2 的示范区建设影响，同时其核心区的水环境质量直接受上游雁栖河来水的影响。雁栖湖流域上游年内污水排放量约600万 t/年，由于雁栖河山区小流域内污水排放较为分散，且受日常维护资金短缺及责任主体环保意识较为薄弱等因素影响与制约，目前只有少量餐饮点的污水处理设备处于正常运行状态，流域污染负荷贡献量接近80％的渔场养殖废水仍处于直排状态。这些未经有效处理的废污水将持续影响着雁栖湖生态发展示范区核心区的水生态环境质量，加之管理中仍缺乏限制纳污红线的总量控制要求，雁栖湖生态发展示范区日益面临区域水资源短缺、河湖水环境质量变差和湖泊富营养化加剧的风险。

结合北京雁栖湖生态发展示范区建设与管理的相关需求，并针对当前雁栖湖生态发展示范区存在的主要环境问题，按照水生态文明建设目标和相关建设内容要求，本书选取雁栖河流域作为北京山区小流域（常年有基流）的典型代表，在大量野外调查、水质监测的基础上，融合流域水文模型、河道水质模型的模拟分析，科学计算、试验对比与情景分析相结合，研究了雁栖河流域水环境质量变化特征，研发了雁栖湖水动力学与水质模拟模型，基于容量总量条件制定了雁栖湖流域入湖污染物总量控制方案，提出了雁栖河流域的水环境承载能力及其适宜承载度。同时，基于山区小流域的自然环境特点和水生态文明建设与评价需求，提出了雁栖湖生态发展示范区水生态文明建设评价指标体系，确定了水生态文明建设评价指标阈值，调查并评价了雁栖湖生态发展示范区水生态文明建设水平，并有针对性地提出了雁栖湖生态发展示范区水生态文明建设对策和管理建议，以进一步提升雁栖湖生态发展示范区的水生态文明建设水平，提升示范区作为首都对外展示的窗口和国际会都形象。

本书是集体智慧的结晶。作者的科研团队以极为严谨的科学态度参加了编写工作，为本书作出了贡献。本书获得了北京市科技计划课题：北京雁栖湖生态发展示范区水生态文明建设评价指标与关键技术示范（Z141100006014047）的经费支持，感谢北京市科学技术委员会和北京雁栖湖生态发展示范区管理委员会相关领导的大力支持。

本书各章编写分工如下：

前言：马巍

第1章：马巍、兰瑞君、余晓

第2章：马巍、班静雅、兰瑞君、周倪利

第3章：李翀、马巍、杨青瑞、班静雅

第4章：班静雅、马巍、齐德轩、杨青瑞

第5章：马巍、余晓、骆辉煌、杨青瑞

第6章：兰瑞君、马巍、余晓

第7章：马巍

由于作者水平和时间有限，本书难免有疏漏之处，敬请读者批评指正。

作者

2019 年 2 月

目录
CONTENTS

绪　　论

1.1　研究背景

　　雁栖湖位于北京市怀柔区雁栖镇，由东、西两个湖区组成，水面宽阔，湖泊容积为 3830 万 m^3，水面面积达 230hm²，湖岸线超过 20km，坝前最大水深达 25m，因每年春季常有成群的大雁在此栖息而得名。由于湖水清澈，自然生态环境优美，近年来又引来大量天鹅、灰鹤等珍禽在湖中戏水，为雁栖湖增添了勃勃生机。2001 年雁栖湖被评定为国家 AAAA 级旅游风景区，连续 6 年被评为首都文明景区，是北京市京郊重要的休闲、旅游与娱乐胜地。为充分利用雁栖湖优美的自然环境和独特的自然资源，提升雁栖湖的生态服务价值，展示首都文化圈低碳、绿色生态和节能节水的先进理念，2010 年 4 月 2 日，北京市委市政府决定以雁栖湖为核心，建立面积为 21km² 的北京雁栖湖生态发展示范区，打造国际一流的生态发展示范区和高品质生态旅游与文化休闲胜地，使之成为首都国际交往的重要窗口，并承担举办国际峰会等重要功能。

　　北京山区小流域是首都天然的生态屏障和主要的水源涵养与供给源地，地处北京北部的雁栖湖山区小流域因其独特的泉水资源，形成了独具特色的"虹鳟鱼养殖一条沟"和闻名遐迩的"雁栖不夜谷"。随着 20 世纪 90 年代首都经济社会的快速发展，京郊休闲、旅游业呈现快速、蓬勃发展态势，雁栖湖上游入湖河流上的冷水养殖和沿河两岸的餐饮休闲旅游业呈现无序发展状态，"雁栖不夜谷"的迅猛发展和日益频繁的人类活动逐渐改变了雁栖河原有的自然河道形态和水文节律与过程，大量的污染物入河和入湖超过了雁栖湖流域河湖的水环境承载能力。自 2000 年起雁栖湖流域水环境问题开始出现并不断累积，水资源短缺问题凸显，入湖河流水质逐步变差、湖泊水体富营养化问题突出。尽管近年来雁栖湖流域实施了大量的水环境治理工程，强化了山区小流域水环境监管力度，但大量的规模化渔场养殖、鳞次栉比的休闲旅游与餐饮企业及众多的拦水堰设施，使雁栖湖生态发展示范区仍面临着生态功能、水源涵养功能、休闲旅游功能退化的风险。

　　水是生命之源、生产之要、生态之基，良好的水环境质量和健康的湖泊水生态系统是雁栖湖生态发展示范区建设与发展的重要前提。随着以雁栖湖为核心的生态发展示范区功能定位进一步提升，并切实落实"低碳、绿色生态、节能节水"示范区的区域功能，亟须针对雁栖湖流域存在的水生态环境问题，以雁栖湖区水清、水净、水景观优美、水生态系统健康为目标，以雁栖湖水环境容量为总量控制要求，提高并加强雁栖湖生态发展示范区流域水污染治理的科学性与有效性，运用工程和非工程技术手段，实施雁栖湖生态发展示范区流域入湖污染物总量减排，并加强监测与监控，以逐步实现近期雁栖湖生态发展示范区河湖水环境质量明显改善、中远期水质达标、水生态系统健康及环境保护与经济社会协调发展的目标。

按照北京市委、市政府关于加强城市生态文明建设的要求，根据2010年《关于研究部署怀柔雁栖湖生态发展示范区实施"低碳、绿色生态、节能节水"项目的意见》及相关批示，以及专题会会议要求，以雁栖湖生态发展示范区实施"低碳、绿色生态、节能节水"项目中明确的近期主要指标体系表述为指引，以全面支持雁栖湖生态发展示范区建设为切入点，以雁栖湖生态发展示范区水生态文明建设理论、政策、方法和技术为重点研究方向，以水生态文明理论内涵与水生态文明建设评估指标体系、评估方法及水生态文明建设过程中存在的关键技术问题为重点任务，研究雁栖湖生态发展示范区水生态文明建设的评价指标、指标阈值确定方法、指标阈值确定中存在的关键技术，并通过工程示范获得相关设计参数值并检验其污染物控制与削减效果，形成雁栖湖生态发展示范区水生态文明建设评价技术体系，以便雁栖湖生态发展示范区实现"低碳、绿色生态、节能节水"的功能定位提供科学技术支撑，为怀柔区创建国家级可持续发展生态示范区奠定坚实基础。

依托怀柔区雁栖湖山区小流域，并以雁栖湖为核心建立的雁栖湖生态发展示范区，为2014年11月亚太经合组织峰会（APEC会议）和2017年5月"一带一路"国际合作高峰论坛的成功召开提供了优美舒适的自然环境条件。一年一度的北京国际电影周已落户示范区。目前雁栖湖生态发展示范区日益成为重大国际会议和城区居民京郊旅游的首选，国内游客旅游的重要目的地，首都北京对外国际交流的展示窗口和国际会议中心，因此在全国大力推进并落实生态文明建设的热潮中，开展雁栖湖生态发展示范区水生态文明建设评价指标、雁栖湖水环境容量核算及雁栖河流域水环境承载力等相关课题的研究具有重要的现实意义和管理应用价值。

第1章

绪论

1.2　国内外研究进展

山区小流域是首都北京天然的生态屏障和主要的水源涵养及供给源地，也是城市居民京郊休闲旅游的度假胜地，山区小流域的水环境治理和水资源保护直接关系到首都饮用水安全，对首都经济社会的可持续发展具有重要的战略意义。近年来随着我国经济社会的持续快速发展，流域资源持续不断开发，水资源、水环境问题开始出现并累积，小流域的生态功能、水源涵养功能、旅游休闲功能将面临或正遭受功能退化的风险。人类社会的发展实践证明，如果生态系统不能持续提供资源、能源、清洁的空气和水等要素，物质文明的持续发展就会失去载体和基础，进而整个人类文明都会受到威胁。因此，我国继物质文明、精神文明、政治文明之后，又提出生态文明，并且把它写入中共十七大报告之中，将人与自然的关系纳入到社会发展目标中统筹考虑，成为中国共产党对子孙后代和世界负责的庄重承诺。建设生态文明是实现全面建设小康社会奋斗目标的内在需要，关乎民族未来的长远大计。面对资源约束趋紧、环境污染严重、生态系统退化的严峻形势，必须树立尊重自然、顺应自然、保护自然的生态文明理念，把生态文明建设放在突出地位，努力建设美丽中国，实现中华民族永续发展。

1.2.1 水生态文明发展历程

生态文明是指人类遵循人、自然、社会和谐发展这一客观规律而取得的物质与精神成果的总和，是指人与自然、人与人、人与社会和谐共生、良性循环、全面发展、持续繁荣为基本宗旨的文化伦理形态。它将使人类社会形态发生根本转变。生态文明是农业文明、工业文明发展的一个更高阶段。从狭义的角度讲，生态文明是与物质文明、精神文明和政治文明并列的文明形式，是协调人与自然关系的文明。生态文明理念下的物质文明，将致力于消除经济社会活动对大自然自身稳定与和谐构成的威胁，逐步形成与生态系统相协调的生产生活行为与消费方式；生态文明下的精神文明，更倡导尊重自然规律、认知自然价值，建立并健全人类自身全面发展的文化与氛围，从而转移人们对物欲的过分关注与追求；生态文明下的政治文明，尊重利益和诉求的多元化，注重平衡各种关系，避免由于资源分配不公、人或人群的斗争以及权力被滥用而造成对生态环境的破坏。生态文明是对现有多种文明的超越，它将引领人类放弃工业文明时期形成的重功利、重物欲的享乐主义，摆脱生态与人类两败俱伤的悲剧，实现人与自然和谐相处。

水生态文明是生态文明的重要组成和基础保障，开展水生态文明研究对于促进人水和谐、推动水生态文明建设具有重要意义。为贯彻落实中共十八大关于加强生态文明建设的重要精神，水利部提出了水生态文明建设的5大目标和8大工作，明确指出要将生态文明理念融入水资源开发利用的各个环节，实现人水和谐状态。生态文明理念孕育于1866年生态学概念的提出，之后生态系统概念的提出，以及1962年《寂静的春天》的出版，揭开了全球对人与自然协调发展、建设生态文明的探索历程，在此之后便出现了一系列关于生态环境问题的研究报告、著作、会议及条约等，例如《只有一个地球》《增长的极限》《我们共同的未来》《21世纪议程》以及联合国人类环境会议的召开等。自20世纪80年代我国实施改革开放以来，随着城镇化建设的快速推进和国民经济的高速发展，耕地面积急剧减少、土地沙漠化日趋严重、森林资源缺乏且急剧减少、水土流失日益加重、清洁淡水资源严重缺乏、生物多样性不断减少、各种污染（尤其是水、大气及土壤污染）日趋严重等生态环境问题的日益凸显，国内对生态环境问题的研究也不断增多及深入。从1987年提出"大力建设生态文明"，到中共十七大明确走生态文明发展道路，中共十八大提出加强生态文明建设，水生态文明建设理念应运而生。

国外关于水生态文明的相关论述极少，目前国内在水生态文明研究方面主要集中于理论和建设实践两个方面。理论研究主要包括水生态文明的定义与内涵、建设途径、评价指标体系 3 方面，建设实践主要包括流域和城市 2 个层次。关于理论研究方面，自水生态文明建设理念提出后，国内学者对水生态文明的定义与内涵进行了广泛的讨论与阐释。2012 年《山东省水生态文明城市评价标准》中首次明确指出，水生态文明是指人们在改造客观物质世界的同时，以科学发展观为指导，遵循人、水、社会和谐发展客观规律，积极改善和优化人与人之间的关系，建设有序的水生态运行机制和良好的水生态环境所取得的物质、精神、制度方面成果的总和。之后，关于水生态文明内涵研究，不同学者在不同时期对于不同的研究区域有着不同的见解。王文珂（2012）提出水生态文明以科学发展观为指导，遵循人、水、社会和谐发展客观规律，以水定需、量水而行、因水制宜，推动经济社会发展与水资源和水环境承载力相协调，建设永续的水资源保障、完整的水生态体系和先进的水科技文化所取得的物质、精神、制度方面成果的总和。唐克旺（2013）提出水生态文明是人类在保护水生态系统、实现人水和谐发展方面创造的物质与精神财富的总和。陈进（2013）提出水生态文明应强调以人为本，人与自然和谐，主要体现在保障人类防洪安全和用水安全基础上，同时维持水生态系统良好。王建华等（2013）提出水生态文明建设的内涵应包括水生态的认知文明、制度文明、行为文明和物理载体文明等内容。马建华（2013）提出水生态文明是指人类在处理与水的关系时应达到的文明程度，是指人类社会与水和谐共处、良性互动的状态。黄茁（2013）认为水生态文明与社会、经济、文化及价值判断等密切相关。左其亭等（2014）提出水生态文明是指人类遵循人水和谐理念，以实现水资源可持续利用，支撑经济社会和谐发展，保障生态系统良性循环为主题的人水和谐文化伦理形态，是生态文明的重要部分和基础内容。丁惠君等（2014）将水生态文明的内涵归纳为"文明化"和"文明态"六个字，人类对水生态系统做了文明化，同时，水生态系统本身呈现出文明态，才能构成水生态文明的社会。董玲燕等（2015）提出水生态文明是以水为载体的生态文明内容，其基本内涵主要体现在经济社会系统与水系统和谐状态。

目前国内大多数学者对水生态文明研究均集中于城市水生态文明建设方面，对于流域层面的水生态文明建设研究还较为薄弱，尤其是针对北方山区型小流域的研究还很少。因此，本书以北京雁栖湖山区小流域为对象，建立适合北方山区小流域自然环境条件和人类活动规律的水生态文明建设评价指标体系，并结合雁栖湖生态发展示范区水生态文明建设需求及其存在的关键技术问题，开展雁栖湖流域水环境承载力研究与水生态文明建设评价，以满足雁栖湖生态发展示范区建设与管理需要，具有重要的理论意义和实践应用价值。

1.2.2 雁栖湖水环境承载力研究进展

承载力最早是从工程地质领域里转借过来的概念，其本意是指地基的强度对建筑物负重的能力，现已演变为对发展的限制程度进行描述的最常用概念之一。生态学最早将此概念转引到本学科领域内。1921 年，帕克和伯吉斯就提出了生态承载力的概念，即某一特定环境条件下（主要指生存空间、营养物质、阳光等生态因子的组合），某种个体存在数量的最高极限。如今，随着承载力概念的广泛应用，在环境、经济和社会的各个领域都得到了不同程度的延伸，产生了大量名称不同的各种各样的承载力。承载力概念，因其适用性、直观性、形象性使之在国内外不同领域被广泛应用。

承载力概念应用于环境领域即为环境承载力。环境承载力又称环境承受力或环境忍受力，是指在某一时期，某种环境状态下，某一区域环境对人类及其经济社会活动支持能力的限度。环境承载力是可持续发展的内涵之一，其很重要的一个方面就是要求以环境与自然资源为基础，同环境承载能力相协调，人类活动必须保持在某一区域承载能力的极限之内。水是人类生存、发展和经济社会活动最基本的环境要素，某一区域的水量多少和水质优劣程度决定了该区域可利用的水资源条件，因此研究某一区域环境承载力时，常采用水环境承载力或水资源承载力来描述人类经济社会活动对自然环境的耐受极限。

1.2.2.1 概念的提出

20 世纪 80 年代，"可持续发展"一词随着关于人类未来的报告——《我们共同的未来》的问世而被提出，以持续发展为基本，这份纲领性文件探讨了人类发展的经济、社会、环境问题等。为实现可持续发展的目标，人们开始意识到对自然资源的开发利用和污染浪费应该限制在环境自身可承载的范围之内。对资源开发利用是有限度的这一观点在各个国家取得了普遍认可，并制定相关约束条款对水环境进行保护和改善。国家科学技术委员会发布的《中国技术政策：环境保护》蓝皮书指出，在城市开发建设中需做到经济发展的同时环境影响最小，将其不利影响控制在环境可承载的限度内。尽管科学界早就提出了环境承载力的概念，但起初对它的定义、内容和研究方法都不明确，产生了对环境承载力不同的理解。

国内对水环境承载力研究起步较晚，其理论分析、量化方法、数值模拟模型研究多样。起初大家多从水资源角度着手，循着可持续发展的方向，对水资源能够容许经济社会活动与人口发展规模能力量化方法进行分析研究；此后，随着研究的不断深入和认识的不断提高，学者们对水环境承载力研究不再只局限于水资源方面，而逐步将水资源量与水环境质量结合起来。1998 年崔凤军在《城市水环境承载力及其实证研究》中借助数值模拟手段进行了水环境承载力相关的实证研究，认为城市水环境承载力抽象地表示了水生态系统的结构功能，可将其作为城市经济社会发展与水环境适配程度的衡量指标。2001 年汪恕诚在《水环境承载能力分析与调控》中对水环境承载力概念进行了较为严谨的阐述，并得到了学术界的普遍认可。2003 年崔树彬将水环境容量描述为水环境的承载力。

水环境容量与水环境承载力本质上都是为控制污染源、遏制水环境恶化、实现人与自然环境和谐共生而服务，从而达到水资源和水环境保护的目标，二者在研究范畴、概念内涵、定量化指标、相关计算方法等方面均相互关联又有所差异。

1.2.2.2 水环境容量研究进展

环境容量概念的提出最早源自于比利时数学家、生物学家弗胡斯特根据马尔萨斯的人口论创造了环境容量，之后经过日本对环境容量概念的进一步丰富，逐渐成为了污染物总量控制的理论基础。在 20 世纪 70 年代后期环境容量的概念被引入后，我国学者也开展了大量有关水环境容量方面的工作，但其涵盖的范围较广，是反映水生态环境与经济社会活动密切关系的度量尺度，是一个相对较为复杂而含糊的概念，学者们对此展开了激烈的讨论，但并未达成共识。结合相关学者对水环境容量概念的阐述，并参考《全国水环境容量核定技术指南》（2003）与《全国水资源综合规划技术细则》有关水环境容量概念的描述，水环境容量是指，在水环境质量及其使用功能不受破坏的条件下，水域能受纳污染物的最大数量或者在给定水域范围、水质标准及设计条件下，水体最大容许纳污量即为水域的水环境容量。水环境容量包括水体稀释容量和自净容量，可以定量说明特征水域对污染物的承载能力。一般而言，水体稀释容量是现有水环境对某种污染物进行稀释的物理过程所具有的承纳污染物的能力，水体自净容量是水介质拥有的、在被动接受污染物之后发挥其载体功能主动改变、调整污染物时空分布，改善水质以提供水体的再续使用。相较水体稀释过程而言，水体自净机制要相对复杂得多，包括物理自净、化学自净、物理化学自净、生物与生化自净等。水体自净过程一般表现为由弱渐强，最后渐趋恒定状态。

由环境容量的概念可以看出，水环境容量具有资源性、时空性、系统性与动态发展性等特征，在中国水环境规划与管理中有着举足轻重的地位。将水质模拟与实际要求有机结合，可以得出不同污染物所在水域的水环境容量，目前，比较成熟的模型有 Qual2 系列模型、EFDC（环境流体动力学模型）、WASP（水质分析模拟程序）等，这些模型的应用和发展都有力地促进了对水环境容量的研究。有关水环境容量的计算方法主要有公式法、模型试错法、系统最优化法（主要是线性规划法和随机规划法）、概率稀释模型法和未确知数学法等五大类计算方法。公式法采用稳态水质模型直接计算，工作量小，应用最广，但精度较低且不能用于计算动态水环境容量。模型试错法采用动态水质模型反复测算，计算精度高，但计算效率相对较低。系统最优化法自动化程度高、精度高、对边界条件及设计条件的适应能力强，适用范围广，但计算较为复杂，且易出现与客观实际不符的现象。以上几种方法均属于确定性方法，都是以机理性水质模型为主要工具，不确定性因素通过限制性条件引入，表达对安全及控制风险的要求，计算结果为定值。概率稀释模型法与未确知数学法属于不确定法，从不确定性角度分析与计算某种可信度水平下的水环境容量或容量的取值范围。概率稀释模型法考虑了流量、浓度等随机波动过程，更接近水体实际情况，但所需数据量较大。未确知数学法更充分地考虑了水环境系统中各类参数的不确定性，但研究时间相对较短，应用相对较少。各类计算方法所涉及的水域类型与污染物类型有一定差异，学者们基于各方法的基本原理，开展了大量有关水环境容量方面的研究。胡开明等（2011）认为风场对大型浅水湖泊污染物的迁移有重要的影响，提出考虑风向风速联合频率订正及污染带控制的水环境容量计算方法，并以太湖为例，建立了二维非稳态水量水质数学模型。陈丁江等（2010）基于河流一维水环境容量计算模型和实测水文水质参数的统计分析，应用 Monte Carlo 模拟方法，分析模型各输入参数的灵敏度以及水环境容量值的概率分布，建立了非点源污染河流水环境容量的分期不确定性分析方法。姜欣根据北方河流全年流量分配极其不均匀性，认为河流的水环境容量是随时间变化而动态变化的，提出一种动态水环境容量的计算方法，主要是利用合适的水质模型，在动态水文设计条件下，计算河流功能区的水环境容量。王涛等（2012）以锦江流域为例，开展了基于控制单元的水环境容量核算研究，对流域各控制单元 COD 和 NH_3—N 的水环境容量进行了分析，结果显示，控制单元的水环境容量与其内排污口的分布及功能区水质目标密切相关。由此可以看出，我国对水环境容量的研究内容相对比较丰富，这也为本研究内容的开展提供了一定的技术支撑。

1.2.2.3 水环境承载力研究进展

相比于水环境容量，水环境承载力研究在中国起步较晚，对水环境承载力系统各要素的内涵、特征、变化关系和定量化表征等问题，尚未见有较为系统的成果。目前对于水环境承载力的定义大致可分为以下 3 种：①水环境承载能力是指在一定的水域，其水体能够继续使用并仍保持良好生态系统时，所能够容纳污水及污染物的最大能力，侧重于水体容纳污染物的能力，也即通常所说的水环境容量、水体纳污能力。②第二种表达方式在第一种的基础上加入了水体环境所能够承载的人口规模和人口数量。此种表达方式约束下水环境承载能力是相对于一定时期、区域及一定的社会经济发展状况和水平而言的，其目标是保护现实的或拟定的水环境状态（结构）不发生明显的不利于人类生存的方向性改变，以保障水环境系统功能的可持续发挥，以此为前提，对区域性的人类社会活动，特别是人类经济发展行为在规模、强度或速度上的限制值。这一定义的特点将水环境承载力具体到人口数量和污染物数量，把水环境对人类社会的"承载"内涵表述出来。③第三种表达方式是在第二种的基础上加入了水体所能承载的经济规模，具体为在一定的时期和水域内，在一定生活水平和环境质量要求下，以可持续发展为前提，在维护生态环境良性循环的基础上，水环境子系统所能容纳的各种污染物，以及可支撑的人口与相应社会经济发展规模的阈值。综合学者们对水环境承载力定义的不同理解，水环境承载力的定义是指，在某一时期、一定环境质量要求下，在某种状态或条件下，某流域（区域）水环境在自我维持、自我调节能力和水环境功能可持续正常发挥的前提下，所支撑的人口、经济及社会可持续发展的最大规模。

由以上对水环境承载力概念的综合分析可知，水环境承载力兼具自然属性和社会属性，体现了水环境与人和社会经济发展之间的联系，是一个由众多因素构成的复杂体系，因此正确认识并运用其方法，对于协调经济、社会发展与水环境保护的关系具有重要的指导意义。目前水环境承载力的量化方法，主要分为以下几种：向量模法、多目标决策分析法、系统动力仿真模型法、模糊综合评价法等。结合各评价方法的适用范围，学者们在实践应用中不断地丰富有关水环境承载力的内容。李磊等（2014）以武汉市水环境为研究对象，采用层次分析-熵值定权法和向量模法对其进行评价，该方法通过引入熵值法对权重进行修正，在一定程度上减小了主观影响，更加合理地评价了水资源、水环境与经济社会之间的协调性程度。杨丽花等（2013）根据水环境承载力指标体系具有极强的非线性特征，通过引入具有强大非线性数据处理能力的人工神经网络技术，对松花江流域吉林省段进行水环境承载力的评价。王俭等（2009）在分析各量化方法优劣势的基础上，以系统动力学为基础，并结合层次分析法和向量模法，提出了一种水环境承载力评价预测的集成方法，模拟了研究水域系统内的不同承载状态，并对50年内研究水域水环境承载力在不同发展方案下的变化趋势进行了预测。各研究方法的运用都在一定程度上度量了研究水域内的水环境承载力，为区域水资源环境步入可持续发展轨道提供了相关保障措施。

水环境容量和水环境承载力在概念上有一定的联系，但其研究重点又有所不同，综合目前对二者相关内容的研究，并结合北京雁栖湖流域总量控制管理的技术需求，核算雁栖湖的水环境容量，研究雁栖河流域水环境承载力，并对雁栖湖流域内影响其水环境承载力的关键环境因子进行评价，为雁栖湖流域的可持续发展提供改善措施，以满足雁栖湖生态发展示范区建设与管理需要。

1.3 雁栖湖生态发展示范区建设的技术需求

1.3.1 雁栖湖生态发展示范区概况

雁栖湖生态发展示范区位于北京市怀柔区北部雁栖镇，地处雁栖河流域下游。雁栖湖生态发展示范区整体规划范围 31km²，包括以雁栖湖为核心面积约 21km² 的国际会都和 10km² 的雁栖小镇建设模块，其中北京雁栖湖国际会都核心区占地超过 80hm²，总建筑面积超过 30 万 m²，总投资 70 亿元，建设内容包括位于雁栖湖核心岛的国际会议中心、清水精品酒店、12 栋国宾级别墅以及沿湖布设的国际五星级酒店和松秀园媒体村。雁栖湖生态发展示范区功能区规划如图 1.3-1 所示。

北京雁栖湖国际会都核心区约占雁栖湖流域面积的 1/6，是山地和平原的过渡带，是潮白河生态廊道的重要部分。雁栖湖为其核心区，周边多为湿地和苇草，有大雁、淡水鸥、金边地龟和中华蟾蜍等多种珍稀候鸟栖息，构成了雁栖湖生态发展示范区独特的水域景观（图 1.3-2）。

雁栖湖流域依傍红螺山、云蒙山，植被覆盖率高（达 85%），自然环境优美，形成天然独有的山水天地。雁栖湖空气质量位居北京第一，绿化率、降雨量都排首位，养生环境得天独厚，并因其独特的冷泉水资源，造就了远近闻名的雁栖湖"虹鳟鱼一条沟"，即"雁栖不夜谷"，并随着 2014 年 APEC 会议成功召开和北京国际电影节的落户，以及中欧文化高峰论坛、世界水电大会、"一带一路"国际合作高峰论坛等大型国际会议等重点活动的先后举办，雁栖湖蜚声海内外。

雁栖湖生态发展示范区建设和 2014 年亚太经合组织（APEC）会议、2017 年"一带一路"国际合作高峰论坛的顺利召开，为雁栖湖再次带来广阔的发展空间和机遇。以雁栖湖为核心，重点建设环湖景观带、峰会核心区、高端接待区、综合服务区、景观环境区和生态保育区，全面提升景区功能和接待水平，将雁栖湖建设成为国际一流的生态发展示范新区、首都国际交往职能的重要窗口、世界级城市旅游目的地和生态文化休闲胜地 AAAAA 级景区。同时周边旅游资源丰富，包括慕田峪长城、

图 1.3-1　雁栖湖生态发展示范区功能区规划示意图

红螺寺、青龙峡、百泉山等风景区，为把雁栖湖生态发展示范区打造成国际会都增添了历史、人文和自然气息。

2014年，亚太经合组织（APEC）会议在北京雁栖湖隆重召开。为满足广大游客对APEC会场（雁栖岛）的参观需求，定于2015年1月1日正式面向公众开放。截至2015年6月底，雁栖岛累计接待游客8.3万人次，实现门票收入510万元。同时受雁栖岛参观热影响，2015年上半年带动雁栖湖旅游景区接待游人增至62万人次，与2014年同比增加49.3万人。第五届国际电影节电影嘉年华活动在雁栖湖的成功举办，助推了雁栖湖景区后APEC时代旅游热潮。截至10月底，接待游客118万人次，综合收入7400万元，实现了经济收入和接待游人数增幅双过百的优异成绩。

由北京雁栖湖生态发展示范区管理委员会筹建的示范区APEC展示中心，于2016年5月4日正式向社会公众免费开放。该展示中心占地760m²，位于"雁栖湖·国际会都"雁栖岛的西岸，整个展示中心分为序厅、场景复原厅、主会场及国礼厅、共植友谊林场景复原厅、贵宾游园厅、服装文化厅、器物厅、会议成果厅等8

图 1.3－2 雁栖湖生态发展示范区

个展厅。作为"雁栖湖·国际会都"参观旅游的重要配套项目，主要采用有 5 项多媒体互动技术、2014 年 APEC 会议国礼与领导人用品（含服装、餐具、植物、会议用品等）共 464 件实物展览，以及大量的图片与文字介绍等，为来访游客展示了北京雁栖湖生态发展示范区从筹建、建成、成功举办 2014 年 APEC 会议，以至到 APEC 会议后期北京雁栖湖生态发展示范区管理与运营的全部成果。同时坚信在雁栖湖生态发展示范区"低碳、绿色生态、节能节水"的建设目标指引下，雁栖湖生态发展示范区的环境将会越来越好，并为雁栖湖生态发展示范区的协调可持续发展提供更大的发展空间和机遇。

1.3.2 示范区水生态文明建设的技术需求

　　雁栖湖生态发展示范区，以雁栖湖为核心，规划面积 21km²，整个生态发展示范区呈"一带五区多组团"结构，即分为：环湖景观带、峰会核心区、高端接待区、综合服务区、景观环境区和生态保育区。雁栖湖生态发展示范区位于雁栖湖流域下游，核心区水环境质量直接受雁栖河上游来水影响。

　　雁栖河流域内共有 7 个行政村、6 家渔场养殖企业和 87 家各类餐饮企业，年污水排放量超过 660 万 t。尽管该流域已经投入了大量的人力和资金进行污染源治理，由于技术、设备及维护资金等原因，目前只有 22 家餐饮点的污水处理设备处于正常运行状态，流域污染负荷贡献量接近 80％的渔场养殖废水仍处于直排状态。这些未经有效处理的污废水以及环湖周边企业的生活废污水严重影响着雁栖湖水质，加之管理中仍缺乏限制纳污红线的总量控制要求，雁栖湖日益面临区域水资源短缺、水环境质量变差和富营养化加剧的风险。

　　为贯彻落实中共十八大关于加强生态文明建设的重要精神，水利部以《关于加快推进水生态文明建设工作的意见》（水资源〔2013〕1号，以下简称《意见》），提出了水生态文明建设的 5 大目标和 8 大工作，《意见》明确指出："水生态文明建设的目标是：最严格水资源管理制度有效落实，'三条红线'和'四项制度'全面建立；节水型社会基本建成，用水总量得到有效控制，用水效率和效益显著提高；科学合理的水资源配置格局基本形成，防洪保安能力、供水保障能力、水资源承载能力显著增强；水资源保护与河湖健康保障体系基本建成，水功能区水质明显改善，城镇供水水源地水质全面达标，生态脆弱河流和地区水生态得到有效修复；水资源管理与保护体制基本理顺，水生态文明理念深入人心。"同时，《意见》明确了水生态文明建设包括八个方面的主要工作内容：①落实最严格水资源管理制度；②优化水资源配置；③强化节约用水管理；④严格水资源保护；⑤推进水生态系统保护与修复；⑥加强水利建设中的生态保护；⑦提高保障和支撑能力；⑧广泛开展宣传教育。

结合北京雁栖湖生态发展示范区建设与管理的相关需求，并针对当前雁栖湖生态发展示范区存在的主要环境问题，按照水生态文明建设目标和相关建设内容要求，研究适合雁栖湖水资源、水环境与水生态条件的水生态文明建设指标体系，通过运用现场调查、野外监测、室内实验、数值模拟和工程示范等多种手段确定各评价指标阈值，评估雁栖湖生态发展示范区水生态文明建设状况及近期示范区建设目标的可实现程度，提出符合雁栖河示范区水资源特点、水生态条件的水生态文明建设对策与建议，以逐步实现雁栖湖生态发展示范区湖泊水生态健康的可持续发展目标。

第2章

雁栖湖流域水环境问题识别与分析

2.1　雁栖湖流域概况

2.1.1　自然环境概况

（1）地理位置。雁栖湖流域位于北京市怀柔区雁栖镇，包括西栅子、八道河、交界河、莲花池、神堂峪、长园、柏崖厂 7 个小流域，流域总面积 128.7km²。雁栖河发源于怀柔区八道河乡，是海河水系潮白河支流怀河的主要支流之一，是雁栖湖的唯一入湖河流。雁栖河主河道长为 42.1km，主要支流——长园河长约 8km。2003 年开始雁栖湖（又称北台上水库）作为首都备用水源纳入全市统一调度管理，根据 2008年北京市水务局印发的《北京市地表水功能区划方案》，雁栖河（含雁栖湖）水体功能为一般鱼类保护区及游泳区，水质目标为Ⅲ类。

（2）地形地貌特征。雁栖湖流域西北高东南低，海拔最高 1600m，最低 81m。雁栖河由北而南蜿蜒汇入雁栖湖（图 2.1-1），落差 1300m。流域地形属于低山丘陵区，山高坡陡、土层瘠薄，地形复杂，平均沟壑密度 2.7km/km²，易引起水土流失。

（3）水文气象特征。雁栖湖流域南北狭长，70%处于长城以北的中部冷区，多年平均气温 9℃以下；30%处于长城以南为山前暖区，多年平均年降水量 650mm，最大年降水量 900mm，最小年降水量 525mm，而每年的降雨量差异很大，6—8月的降雨量为 500～682mm，占全年降水

图 2.1-1　雁栖湖流域范围示意图

量的 80%。多年平均气温 11.9℃，最高 41℃，最低－20.9℃，大于或等于 10℃活动积温 4220.5℃，年无霜期 180 天。本地区风向以北风为主。而大风出现次数较多，风速大。

根据雁栖湖流域柏崖厂水文站的观测资料，1960—2007 年平均径流量为 1920 万 m³（1970—1971 年水文站因洪灾受损，没有观测资料）。其中，2000 年以来，流域内气候一直较为干旱，年均径流量为 740 万 m³。有历史记录的最大年径流量出现在 1969 年，达 7868 万 m³；最小年径流量为 2002 年的 354 万 m³。雁栖湖流域多年平均年径流深 200mm，最大年径流深 390mm，最小年径流深 130mm；多年平均水面蒸发量为 1573mm。

根据以上资料推算，雁栖湖流域多年平均径流系数为 0.31，干旱指数为 2.42。据《21 世纪初期首都水资源可持续利用规划总报告 2001—2005》，北京市多年平均陆面蒸发量为 450～500mm。雁栖湖流域的多年平均陆面蒸发量约为 450mm，平均可利用水资源量为 2044 万 m³。

（4）土壤与植被。雁栖湖流域主要植被有山杨（*Populusdavidiana* Dode）和槲树（*Quercus dentate* Thunb）的混交林以及鹅耳枥（*Carpinus turczaninowii* Hance）、白蜡（*Fraxinus chinensis* Roxb）、大叶椴（*Tilia platyphyllos* Stop.）、辽东栎（*Quercus wutaishansea* Mary）杂木混交林等，林草覆盖率 90% 左右。人工林营造起始于 20 世纪 50 年代，其树种以中幼龄林为主体，海拔 800m 以下地区树种为侧柏（*Platycladus orientalis* L. Franco）、油松（*Pinus tabuliformis* Carr.）、栓皮栎（*Quercus variabilis* Bl.）和刺槐（*Robinia pseudoacacia* Linn.）；海拔 800m 以上地区造林树种以落叶松 {华北落叶松（*Larix principis - rupprechtii* Mayr）、长白落叶松（*Larix olgensis* Henry）、兴安落叶松 [*Larix gmelinii*（Rupr.）Kuzen.]}、樟子松（*Pinus sylvestris* L. var. *mongholica* Litv.）、云杉（*Picea asperata* Mast.）、油松为主。灌木类型，在海拔 800m 以下主要是山杏 [*Armeniaca sibirica*（L.）Lam.] 灌丛、荆条灌丛 [*Vitex negundo* L. var. *heterophylla*（Franch.）Rehd.]；在海拔 800m 以上主要有胡枝子（*Lespedeza bicolor* Turcz）灌丛、三裂绣线菊（*Spiraea trilobata* L.）灌丛、红花锦鸡儿（*Caragana rosea* Turcz.）灌丛。林场内主要草本种类有苔草（*Carex* spp）、菅草 [*Themeda triandra* Forsk. Var. *Japonica*（Willd.）Makino]、求米草 [*Oplismenus undulatifolius*（Arduino）Beauv.] 和各种蒿类等。

2.1.2 社会经济概况

雁栖湖流域上游共有 11 个行政村，其中雁栖河干流有 3 个行政村（神堂峪村、官地村和石片村），长园河支流有 8 个行政村（长元村、莲花池村、交界河村、八道河村、西栅子村、头道梁村、大地村、北湾村）。根据 2015 年的统计数据（表 2.1-1），共有农户 2000 户，总人口 3792 人，耕地 3667 亩，农民人均纯收入 15052 元，粮食总产量 1066.4t，干鲜果品产量 537.1t，生猪和肉牛出栏共 72 头。

表 2.1-1　雁栖湖流域上游各村基本情况

流域	行政村	乡村户数	乡村人口/人	年末实有耕地面积/亩	农民人均纯收入/元	社会粮食总产量/t	干鲜果品产量/t	生猪出栏/头	肉牛出栏/头
长园河	长元	741	1261	172	15022	7.2	264		
	莲花池	199	398	16	20002		48		
	北湾	72	127	765	10655	149.9	18	26	7
	大地	169	354	901	8601	267.6	2.5	14	
	头道梁	114	238	851	13159	241.9	13		
	西栅子	209	436	832	13676	321.6	11	2	
	八道河	116	198	70	14530	61.6	14.8		
	交界河	118	250	9	18261	12.9	49		
雁栖河	神堂峪	82	156	51	18572		12		
	官地	71	150		20791		49		
	石片	109	224		14390	3.5	55.8	23	
合计		2000	3792	3667	15052	1066.4	537.1	65	7

雁栖湖流域经济以虹鳟鱼养殖、民俗接待及休闲旅游业为主。依托于雁栖河和长园河发展，"雁栖不夜谷"全长 16.5km，包括神堂峪村、官地村、石片村、莲花池村、长元村 5 个行政村。从实地调查数据看，这 5 个村 90% 以上的人群均从事民俗旅游接待，以林、果、民俗游为主导。雁栖不夜谷的乡村旅游发展以官地村、莲花池村最好，长元村、神堂峪村、石片村次之，日接待能力为 3314 人/d；大型餐饮企业沿着长园河和神堂峪沟谷的两岸绵延布置，长园河两岸共分布有 24 家餐饮企业，雁栖河（又名神堂峪沟）两岸分布有 29 家餐饮企业，总接待能力 19619 人/d，"雁栖不夜谷"最大日接待能力可达 22933 人/d。雁栖河流域旅游接待能力现状调查及其空间分布情况详见表 2.1-2。

表 2.1-2　雁栖河流域旅游接待能力现状调查及其空间分布情况表

行政村	民俗总接待能力/（人/d）	周边餐饮企业接待能力/（人/d）	民俗户数
神堂峪	269	2210	39
官地	994	435	41
石片	226	1350	20
长元	747	10724	30
莲花池	1078	4900	44
总计	3314	19619	174

2.1.3　水环境综合治理进展

2.1.3.1　雁栖湖流域水资源开发利用状况

自 1997 年以来，随着雁栖湖流域神堂峪沟及长园河旅游产业的迅猛发展，"雁栖不夜谷"内各类餐饮、休闲及娱乐类场所鳞次栉比。经现场调查，在神堂峪沟和长园河内建立了大型规模化渔场6家，规模较大的度假村（山庄）、垂钓园、休闲俱乐部等50多家，同时以自然村居民居住地为依托发展起来的民俗接待户数量众多，大型渔场流水养殖废水、餐饮与生活废水、生活垃圾成为小流域水质污染和水环境质量逐步变差的首要污染因素。

为满足长园河及雁栖河沿河两岸各类餐饮企业、渔场养鱼、休闲娱乐及景观用水需要，2016年以前各用水单位均通过在河道拦河建坝（堤）以壅高河道水位，以达到顺利取水、休闲戏水、垂钓等目的。同时各用水单位自河道内取水基本没有量的限制，造成取水口下游河段减水现象十分明显，从而使长园河及雁栖河自上而下形成一会儿水大（有水流）、一会儿水小（无明显水流）的"异常"现象。2015年年底长园河长约8.5km的河道，有30处以上的堰（堤），而雁栖河情形也类似，在不到8km的河沟内，就有超过32处的堤（堰），工程建设密度非常高，水资源开发利用早已超过了河流合理的开发利用范围。

2.1.3.2 雁栖湖上游河流的水环境治理进展

"三道防线保水源，青山绿水绕身边"，一直是北京市水土保持工作追求的目标，以此解决北京市水资源短缺、水土流失治理任务重、人为水土流失、面源污染、农村生活污水及垃圾处理等5个突出问题。据此，北京市水土保持工作者深入基层调研，学习借鉴国内外水土保持研究成果，针对流域不同特点和区位条件，科学划分生态修复区、生态治理区和生态保护区，提出了适合北京生态清洁小流域建设的21项措施，各项措施遵循自然规律和生态法则，与当地景观相协调，实现人水和谐，维护河道生命健康，实现水土资源的可持续利用、经济社会可持续发展和生态环境的可持续维护。

雁栖河是雁栖湖的唯一入湖河流，由于该流域的水土保持工作一直走在其他小流域生态治理的前列，各种挡土拦沙措施〔如挡土墙、河道的拦水堤（堰）等〕均起到很好的保水、蓄水及拦沙效果，水土流失治理成效显著。同时在河滩地上形成了大小不等的河滩型湿地，在河沟里形成了深浅不一的浅水湿地，水生植被生长良好，水环境修复效果明显。

为治理雁栖湖流域的水环境问题，自2005年以来，北京市及怀柔区政府及相关部门多次组织实施了小流域污水资源化工程、京津风沙源治理工程，开展了"北台上水库上游雁栖湖流域水环境承载能力研究""雁栖湖上游湿地恢复与养殖水体治理"项目建设，加大了雁栖湖流域水环境监督管理检查力度，从多方面做出了努力，以减少雁栖湖上游河流的水质污染，保证并改善雁栖河的水环境质量。同时，随着雁栖湖生态发展示范区的建设，示范区污水处理工程、污水干线等工程随之开展建设与治理，以减轻并逐步防止雁栖湖上游入湖河流的水质污染，保证雁栖湖流域河湖水环境质量的安全。

（1）2005—2007年，雁栖湖流域共实施过小流域污水资源化工程、京津风沙源治理工程等环境整治类项目5个，总投资2660万元。

1）2005年实施神堂峪小流域污水资源化工程，包括神堂峪、官地、石片3个行政村，工程建设内容包括：安装小型污水处理设备 18 套，修建调节池 16 座，铺设污水管道 4650m，并且在流域内实施垃圾无害化处理。

2）2005 年京津风沙源治理工程，建设内容主要包括：修建坡面石坎 225 道，护树盘 8700 个，谷坊坝 616 道，护村护地坝 600m，整地工程 30 亩，水保林 642 亩，经济林 70 亩，绿化 200m²，拦沙坝 4 座，生态治河 1000m，修建小型污水处理设备 19 套。

3）2006 年京津风沙源治理工程，主要建设内容为：石坎 344 道，树盘 12 亩，谷坊坝 89 道，田间路 5500m，人行道 1500m，拦沙坝 6 座，防护坝 930m，河道清理 2500m，蓄水池 3 座，农村环境整治 1 处，挡土墙 795m，水保林 17hm²，经济林 35hm²，污水处理工程 1 处，集雨池 5 座。

4）交界河小流域综合治理工程，建设内容包括村级污水处理工程 1 处，拦沙坝 1 座，修路 1600m，打 317m 深井 1 眼。

5）长园、莲花池、神堂峪小流域治理工程，在项目区内实施封禁治理 28km²，安装污水处理设备 12 套，日污水处理能力 275t，流域内 46 家餐饮企业全部安装污水处理设备，日处理污水 970t，在项目区内长元、莲花池 2 个行政村设置垃圾池 8 个、垃圾桶 50 个、改厕 578 户，实施安全饮水工程，安装输水管道 14000m，拆除违章建筑 8 处，修建挡土墙 4000m，石坎梯田 800 道，水保林 200 亩，村庄绿化美化 15000m²，生态治河 5000m，湿地恢复 10000m²。

（2）2008—2012 年，京津风沙源治理工程总投资 32367.3 万元，其中中央投资 11761.8 万元，市级投资 20605.5 万元；项目实施内容包括生态移民、农业措施、林业措施和水利措施四方面，其中以下四项工程涉及雁栖湖上游河流的治理。

1）2009 年，京津风沙源小流域综合治理工程总投资 3120 万元，治理面积 60km²。其中修正梯田 349.92hm²，砌筑树盘 11600 个，播种水土保持林、经济林 42.91hm²，栽植园林乔灌木及播撒草籽 16297m²，铺设污水管网 25607m，建设污水处理站 6 座，建设各种防护坝 6144m。

2）2010 年，京津风沙源治理工程内容包括爆破造林 1000 亩，人工造林 2500 亩，封山育林 70000 亩。

3）2011 年，怀柔区京津风沙源治理工程总投资 7141 万元，工程内容包括：爆破造林 1000 亩，人工造林 7000 亩，封山育林 70000 亩，围栏封育 12000 亩，暖棚建设 30000m²，小流域治理 30km²，生态移民 200 人。

4）2012 年怀柔区京津风沙源治理工程续建工程实施方案正式获批。建设内容包括：人工造林 10000 亩，封山育林 70000 亩，爆破造林 600 亩，人工种草 5000 亩，小流域综合治理 50km²。

（3）雁栖湖上游雁栖湖流域水环境承载能力研究及湿地恢复与养殖水体治理。

1）2008 年，开展"北台上水库上游雁栖湖流域水环境承载能力研究"，完成雁栖湖流域野外调查与实验、流域水环境质量现状调查与评价、典型河段水质自净能力研究、流域水体纳污能力计算与分析、流域内主要污染源负荷贡献率分析、流域水环境承载能力分析及提高流域适宜承载度的管理对策研究等 7 项工作。研究结果表明：

雁栖湖流域水环境质量总体较差，综合水质类别为劣Ⅴ类，主要超标指标为 TP 和 TN，COD_{Mn} 常年基本为Ⅱ类；流域水污染源主要有渔场、餐饮企业以及民俗接待较为集中的自然村，同时各企业所修筑的大量拦水堰加速了河流富营养化及水华现象的发生。

2）2012 年"雁栖湖上游湿地恢复与养殖水体治理"项目正式进入施工建设阶段。项目针对餐饮及民俗接待污水排放量大的特点，将安装污水处理设备"净化槽"保证净化后出水水质达到北京市地方污水排放一级标准，同时安装水产养殖零排放设备，污水处理规模达到 6000t/d，污染物总量消减 50%～80%，并建成 1 处占地 1.5km² 的雁栖湖生态清洁示范区。

（4）2013 年怀柔区不断加大雁栖湖水环境监督检查与整治力度，多方面做出努力，减少雁栖湖上游河流污染，逐步改善雁栖湖及其上游入湖河流的水环境质量。

1）2013 年 2 月 16—18 日，怀柔区农业局开展了为期 3 天的养殖业污染源普查工作，普查对象覆盖全部 14 个镇（乡），共涉及养殖业生猪、奶牛、肉牛、蛋鸡、肉鸡以及水产等规模化养殖场、养殖小区和养殖大户共计 78 户，全面摸清了怀柔区养殖业产生的主要污染物种类、产生量、排放量及去向。

2）2013 年 2 月 27 日，怀柔区环保局联合区水务局、京密引水管理处开展水环境监督检查专项整治行动。行动检查范围涵盖怀柔区所有河流、有水水库，对河流两岸、水库周边企业及村庄污水排放情况进行彻底的摸底检查；对河流两岸垃圾进行清理，河道内排污口进行封堵；对违法排污企业从重处罚。

3）2013 年 4 月，怀柔区水务局针对专项整治行动中发现的问题制定了多项措施，加大力度打击在潮白河、怀河河道管理范围内进行违法违规活动行为，杜绝和遏制各类违法违规行为的发生，维护河湖库的水环境质量安全。

4）2013 年 5 月 6 日起，怀柔区水务局根据《北京市水务局关于开展河湖专项执法检查活动的通知》，结合怀柔区实际情况，在全区范围内开展河湖、水资源、排水专项执法行动。同时成立专项行动领导小组，制定详细的行动实施方案，建立数据、信息报送制度，每月 3 日前对执法数据、活动照片、信息资料进行及时收集归档，登记造册。

（5）2015—2016 年，怀柔区京津风沙源治理二期工程项目获北京市发展改革委批复。

1）2015 年项目建设内容包括：宜林地造林 2000 亩，困难地造林 2500 亩，低效林改造 5000 亩，封山育林 10000 亩，易地搬迁 250 人，小流域综合治理 27km²。

2）2016 年项目建设内容包括：困难地造林 1000 亩，低效林改造 10000 亩，封山育林 7000 亩，易地搬迁 400 人，小流域综合治理 42km²。

2.1.3.3　雁栖湖生态发展示范区水环境治理进展

随着雁栖湖生态发展示范区功能定位的不断提升，并切实落实"低碳、绿色生态、节能节水"示范区的区域功能，雁栖湖生态发展示范区实施了大量的水环境综合治理与水资源保护工作，其中水环境治理工程主要包括雁栖湖生态发展示范区供水工程、污水处理工程及污水干线工程等。

（1）2013 年 4 月，北京雁栖湖生态发展示范区污水干线工程启动。该工程起点为国际会议中心内部路北侧的范崎路段，终点为高粱河污水提升泵站。项目总投资约 1.2 亿，共铺设 DN400-1500 污水管道 29km。该项目建成后示范区排出的污水经高粱河污水泵站提升后，沿新建的污水干线排入庙城污水处理厂，将在一定程度上提升怀柔区的污水处理水平，满足怀柔新城经济社会发展的需求。

（2）2014 年完成雁栖湖生态发展示范区核心区周边生态林景观提升工程第一期，2016 年开展第二期建设。

1）该工程于 2014 年完成第一期，截至目前共完成林木抚育 984 亩，补植补造 3 亩，修建步行道 3010m，建木质拦土围挡 334m；建设包括管护站 2 座、生态围栏 870m、河流标识牌 4 个、环保垃圾桶 10 个和木质座椅 10 个等多项配套设施。

2）2016 年 4 月 7 日，国家重点公益林管护工程——雁栖湖生态发展示范区核心区周边生态林景观提升工程续建工程开工建设。将在 2014 年完成的东山景观提升工程基础上进一步完成续建，包括原有观景台 1 座、加高和新建围栏 875m、栽植各类花灌木 3 万余株、花卉 4880 株、喷播植草 500m²、设置各类材质座椅 16 个等。

（3）2014 年完成雁栖污水处理厂的建设。雁栖污水处理厂一期工程于 2014 年完成并投入使用，但处理污水能力不足 2000m³/d。二期工程于 2016 年 5 月 16 日开始进场施工，5 月 31 日改造工程主体完工，膜组件安装完成正式出水进行调试阶段。2016 年 6 月已经正式进入正常运行阶段，日处理能力达到 4500m³/d，承担着雁栖湖东岸 20 多家宾馆、饭店及中国科学院大学、怀北学校等近 20km² 范围内的污水收集、处理任务。自二期改造工程投入使用的近一个月时间内，雁栖污水处理厂共处理污水总量 90923m³。

2.2　雁栖河流域污染源与水环境质量现状调查

2.2.1　雁栖河入河污染源调查工作方案

根据雁栖湖流域水环境治理情况调查结果可知，雁栖湖生态发展示范区范围内的污水通过污水干线收集与输运系统进入雁栖污水处理厂进行集中处理排放，不直接排放到雁栖湖，因此雁栖湖流域污染源调查主要集中于雁栖湖上游的入湖河流汇水区域。

2.2.1.1　调查范围

雁栖湖上游为雁栖河小流域，又名"雁栖不夜谷"，位于怀柔区城北 12km 处，全长 16.5km，涵盖神堂峪、官地、石片、长元、莲花池 5 个民俗村和神堂峪、莲花池两个自然风景区。经过不断开发建设，其旅游业蓬勃发展，已初步形成以"旅游度假、休闲养生、餐饮垂钓、观光采摘、文化体验"为一体的综合旅游示范区，尤其是依托良好的生态环境和资源优势，以及雁栖湖生态发展示范区项目的建设，更加促进了"雁栖不夜谷"旅游业的发展，使其朝着具有国际影响、国内知名的休闲度假胜地逐步迈进。

基于 2008 年的雁栖湖流域污染源调查成果和雁栖湖生态发展示范区水生态文明建设情况，确定本次污染源调查区域为神堂峪、官地、石片、长元、莲花池 5 个民俗村所在的河流区域。

2.2.1.2　调查内容和方法

"雁栖不夜谷"主要依托雁栖湖上游的神堂峪沟及长园河，沿着这两条沟在河两岸建立了多家规模较大的餐饮企业、垂钓园、休闲俱乐部等，接待大量游客所带来的季节性和周期性污染成为小流域水环境质量较差的首要污染因素；同时适应于雁栖河流域独特的自然资源（泉水资源适宜于虹鳟鱼与鲟鱼等冷水性鱼类养殖）并服务于旅游发展而衍生的虹鳟鱼和鲟鱼养殖是雁栖河流域最大的入河污染物来源。雁栖不夜谷有 5 个民俗村，其中 4 个为市级民俗村，各村 90% 以上的人群均从事民俗旅游接待，以林、果、民俗游为主导。雁栖河流域耕地资源少（共有 239 亩），没有规模化的畜禽养殖污染源。因此，本次污染源调查主要集中于餐饮企业、渔场养殖和民俗接待 3 类。

调查以问卷、实地采样和主管单位统计数据相结合，对雁栖河流域污染源数据进行详细调查。同时结合雁栖河流域历史调查与监测成果，摸清流域内污染源的名称、排污口位置、入河排放方式、入河污染物的排放规律，并通过现场检测与室内化验等技术手段对调查成果进行复核与校验，进而估算雁栖河流域点源污染的入湖负荷量。

（1）餐饮企业类污染源。由收集到的基础资料可知，神堂峪及长园沟内的主要餐饮企业已全部安装污水处理设备，日处理能力 970t。餐饮企业类污染源以问卷调查（表 2.2-1）为主，统计主要餐饮企业的名称、位置、床位及入住率、用餐人数等特征参数，并调查核实是否安装有污水处理设备及其正常运行状态情况，以及污水处理厂尾水排放去向等。

表 2.2-1　　　　　　　　　雁栖湖流域主要餐饮业调查信息表

序号	名称	污水处理措施	污水排放去向	床位/个	接待量/（人次/d）	地理位置	
						经度/（°）	纬度/（°）
1							
2							
3							
...							

为分析餐饮企业接待规模与入湖污染负荷量的关系，估算流域入湖污染负荷总量，在雁栖河流域选取典型餐饮企业，分别在旅游高峰时段（节假日）和旅游平常期，利用水力学计算公式与容积法对污水排放量进行现场监测，同时采集水样进行水质化验，主要监测指标包括 TP、TN、NH_3—N、COD_{Mn} 等。

（2）渔场养殖类污染源。由收集到的基础资料与研究成果可知，"雁栖湖上游湿地恢复与养殖水体治理"项目于 2012 年进入施工建设阶段，项目中计划安装水产养殖零排放设备，削减污染物排放量。渔场养殖业污染物排放调查中，需要调查该渔场养殖零排放设备是否正常运行及其处理效果。以问卷调查（表2.2-2）、实地走访和现场监测相结合的方法，统计渔场名称、位置、规模、种类、饵料投放次数及投放量等情况。为分析渔场养殖规模与入湖污染负荷量之间的关系以及流域内渔场养殖入湖污染负荷总量的计算，选取典型代表性渔场，针对渔场的日常引水和排水以及清池排水过程，进行连续性监测和水样采集，采样监测频次为一到两小时一次。

表 2.2-2　　　　　　　　　　雁栖湖流域渔场养殖业调查信息表

序号	渔场名称	污水处理措施	污水排放去向	养殖规模/万尾	饵料投放量/(t/年)	地理位置	
						经度/(°)	纬度/(°)
1							
2							
3							
…							

（3）民俗接待类污染源。2003年开始启动雁栖河生活污水治理工程，2005年开始实施长园河、神堂峪小流域污水资源化和治理工程，神堂峪沟内神堂峪、官地、石片3个民俗村共安装小型污水处理设备18套，修建调节池16座，铺设管道4650m，并且在沟内实施垃圾无害化处理；长园沟内长元、莲花池2个民俗村共安装污水处理设备12套，日污水处理能力275t，设置垃圾池8个，垃圾桶50个。雁栖河流域内污水处理工艺全部采用日本"自然循环方式水处理系统"，主要利用微生物对水进行净化处理，治理后出水主要污染物控制指标达到北京市水污染物排放标准的二级标准。在民俗村污染源调查中，以问卷调查（表2.2-3和表2.2-4）和访谈的方式，对民俗接待户的床位、接待量、污水处理方式及污水排放去向等情况进行统计，同时对民俗村常住人口、民俗户数、接待能力、污水处理站等信息进行调查统计。

表 2.2-3　　　　　　　　　　雁栖湖流域民俗接待户调查信息表

序号	民俗村	名称	污水处理措施	污水排放去向	床位/个	接待量/(人/d)	地理位置	
							经度/(°)	纬度/(°)
1								
2								
3								
…								

表 2.2-4　　　　　　　　　　雁栖湖流域民俗村调查信息表

序号	民俗村	人口总数/人	常住人口/人	民俗户数	接待能力/(人/d)	污水处理站/个
1						
2						
3						
…						

雁栖湖流域民俗接待旅游发展较快，民俗村接待旅游人数较多，产生的污染负荷日益增多，同时其常住人口也存在一定量的农村生活污染，但民俗村的生活污水经过污水收集管网统一输送至污水处理站处理后排放入河道，因此，民俗接待和常住人口生活污水的入湖污染负荷量计算，选取具有代表性的污水处理站，采用容积法进行污水排放量监测，并对其水质进行采样与化验监测。

2.2.1.3　技术路线

根据调查范围、调查内容和方法，雁栖湖流域污染源调查技术路线如图 2.2-1 所示。

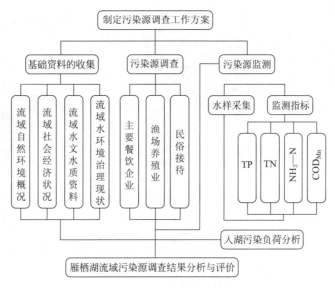

图 2.2-1　雁栖湖流域污染源调查技术路线图

2.2.2　雁栖湖流域入河污染源调查

根据对"雁栖不夜谷"内主要餐饮企业的现场调查和实地走访，雁栖湖各民俗村都设有污水处理站对乡村生活污水进行集中处理，污水排放标准为北京市《水污染物排放标准》（DB 11/307—2005）规定的一级 B 标准，同时均有鱼类暂养池且均处于直排状态。主要餐饮企业沿着沟谷两岸绵延分布。各餐饮企业均安装有中国科学院过程工程研究所与北京华晨吉光科技有限公司联合生产试验基地生产的 HMA -污水处理设施。

2.2.2.1　主要餐饮企业

雁栖湖流域共有主要餐饮企业 63 家，主要分布于雁栖河沟谷的两岸，长园河两岸分布有 24 家，雁栖河两岸分布有 29 家，总接待能力 19619 人/d，其分布如图 2.2-2 所示。本次共走访调查了 16 家主要餐饮企业，均安装有污水处理设备，污水经处理后排入雁栖河；同时对其床位数及接待量进行了调查统计，见表 2.2-5。

图 2.2-2　雁栖湖流域餐饮企业分布图

表 2.2-5　　　　　　　雁栖湖两岸主要餐饮企业信息调查表

序号	名　称	污水处理措施	污水排放去向	床位/个	接待量/(人/d)	地理位置	
						经度/(°)	纬度/(°)
1	栖谷渔村	污水处理设备	河道	100	200	116.60	40.42
2	圣圆山庄	污水处理设备	河道	100	200	116.60	40.43
3	山吧	污水处理设备	河道	300	1000	116.60	40.43
4	川谷	污水处理设备	河道	100	400	116.65	40.42
5	汇龙	污水处理设备	河道	150	300	116.66	40.40
6	沃林	污水处理设备	河道	500	200	116.65	40.41
7	晋阳	污水处理设备	河道	150	700	116.64	40.41
8	东方水上乐园	污水处理设备	河道	36	100	116.64	40.41
9	花宛湖	污水处理设备	河道	80	500	116.64	40.41
10	都边林院	污水处理设备	河道	90	100	116.62	40.42
11	太公垂钓园	污水处理设备	河道	50	600	116.65	40.42
12	官地小坐	污水处理设备	河道	80	200	116.64	40.42
13	山泉谷	污水处理设备	河道	60	100	116.64	40.42
14	潮岭渔村	污水处理设备	河道	80	100	116.64	40.44
15	仙翁	污水处理设备	河道	300	1000	116.63	40.44
16	纳百川	污水处理设备	河道	50	150	116.65	40.42

根据实地调查情况，对主要餐饮企业进行典型个案调查，主要选择了纳百川和川谷 2 家餐饮企业，其分布如图 2.2 - 3 所示。纳百川餐饮企业是集餐饮、住宿、娱乐于一体的综合性餐饮企业，床位 50 个，日接待规模 150 人；川谷餐饮企业是集商务、会议、住宿、垂钓、娱乐为一体的餐饮企业，规模较大，床位 100 个，日接待量 400 人（表 2.2 - 5）。

图 2.2 - 3　典型餐饮企业排污监测点分布图

2.2.2.2　渔场养殖企业

　　"雁栖不夜谷"由"虹鳟鱼养殖一条沟"发展而得名，目前雁栖湖共分布有大型虹鳟鱼和鲟鱼养殖场 6 家。走访调查了 3 家，其相关信息见表 2.2 - 6，均采用流水养殖，其分布如图 2.2 - 4 所示。根据现场调查结果，目前雁栖河的大型渔场及各餐饮企业的食用鱼暂养池出水均无污水处理设施，渔场出水直接排入雁栖河。在雁栖河沟域经济发展中水产养殖效率低、饵料利用率低、水体中氮磷含量较高，且无污水处理措施，是造成雁栖河水环境质量较差的主要原因。

表 2.2 - 6　　　　　　　　雁栖湖流域渔场养殖业调查信息表

序号	名　称	污水处理措施	污水排放去向	养殖规模/万尾	饵料投放量/(t/月)	地理位置	
						经度/(°)	纬度/(°)
1	北京怀柔溢彩宏养殖场	无	河道	10	4	116.58	40.44
2	北京单书艳养殖场	无	河道	6	3.6	116.61	40.42
3	长园 001 号渔场	无	河道	1.5	0.9	116.63	40.41

图 2.2 - 4　渔场养殖分布图

通过实地调查，选择北京怀柔溢彩宏养殖场、北京单书艳养殖场、长园001号渔场共3个渔场进行了渔场养殖废污水排放和水质采集监测（采样监测信息见表2.2-7），同时对长园001号渔场进行日常和清池时期引水和排水的水量水质监测，典型渔场排污监测点位置分布如图2.2-5所示。

表 2.2 - 7　　　　　　雁栖湖流域上游渔场养殖水样采集情况

渔 场 名	排污流量/(mL/s)	采 样 时 间	备 注
北京怀柔溢彩宏养殖场	9259.00	2016 年 5 月 31 日 10:00	清池中
北京单书艳养殖场	7987.50	2016 年 6 月 2 日 10:00	日常
长园 001 号渔场	6692.72	2016 年 6 月 2 日 11:00	清池中

北京怀柔溢彩宏养殖场位于莲花池，从1985年开始营业至今，直接采用泉水进行渔场养殖，规模相对较大，约3500m²，共15个鱼池，鱼池规格为5m×20m，以虹鳟鱼、金鳟鱼和鲟鱼为主，成鱼量达1万kg，鱼苗可达5万尾，年产量可达2.5万kg。该渔场每月饵料用量达4t，且每3天清池一次，并定期投药进行养殖池消毒。该养殖场目前没有污水处理措施，渔场养殖废污水处于直排状态。渔场养殖废水对雁栖河水质造成较大程度的影响。

北京单书艳养殖场位于长元村，从2003年开始营业至今，占地4亩，共8个鱼池，鱼池规格为4m×20m，以虹鳟鱼、金鳟鱼和鲟鱼为主，成鱼达3万尾，鱼苗约3万尾，较北京怀柔溢彩宏养殖场略小。该渔场每天早上4:00—5:00开始喂食，每天喂食

图 2.2-5　典型渔场排污监测点位置分布图

0.12t，每月饵料量大约 3.6t。该渔场清池周期较长，每月 2～3 次，每月定期投药 1 次进行消毒，同样没有污水处理措施，渔场养殖废污水处于直排状态，会对雁栖河水造成一定的水质污染。本次调查期间对该渔场日常喂养阶段的出水水质进行了水样采集。

长园 001 号渔场位于长园河中下游，有 4 个小型鱼池，有 2 个为鱼苗养殖池，其规格为 10m×2m，6 个规格为 3m×20m 的流水养殖池，渔场流水池面积合计为 965m²，流水养殖池水深为 80～100cm。鱼苗约 7000 尾，成鱼约 8000 尾。渔场饵料投放每天早晚各 1 次（8:40 和 18:00），每天喂食 30kg，每月饵料量约为 0.9t。每周清池一次，多为每周三进行，渔场养殖废污水处于直排状态，将对长园河水质造成一定的不利影响。结合前期工作基础，对该渔场养殖废污水进行养殖周期的水量与水质采样监测。

2.2.2.3　民俗接待

雁栖湖流域共有 5 个民俗村，常住人口为 1910 人，共有民俗接待户 174 户（表 2.2-8），总接待能力为 3314 人/d，民俗接待及农村生活污水均经污水管道输送到各污水处理站，进行集中处理后排入雁栖河。经调查长园河沿岸长元村和莲花池村共有 12 个污水处理站，雁栖河沿岸神堂峪村、官地村和石片村共有 18 个污水处理站。在调查中发现，莲花池村中的富华农家院所在的区域未铺设污水管道，由个人投资建设化粪池进行污水处理。本次调查共对 5 个民俗村的 32 家民俗接待户进行了走访与实地调查，统计其名称、位置、床位及接待量等信息（表 2.2-9），其分布见图 2.2-6。

表 2.2 - 8　　　　　　　　　　　　雁栖湖流域民俗村调查信息表

序号	民俗村	人口总数/人	常住人口/人	民俗接待户数	接待能力/(人/d)	污水处理站数量/个
1	神堂峪	177	160	39	269	6
2	官地	139	120	41	994	6
3	石片	149	130	20	226	6
4	长元	1310	1200	30	747	8
5	莲花池	337	300	44	1078	4
合计		2112	1910	174	3314	30

表 2.2 - 9　　　　　　　　　　雁栖湖民俗村民俗接待户调查信息统计表

序号	民俗村	民俗接待户名称	污水处理措施	污水排放去向	床位/个	接待量/(人/d)	地理位置	
							经度/(°)	纬度/(°)
1	莲花池	溢彩宏农家院	集中处理	河道	50	200	116.58	40.44
2	莲花池	雲岭农家院	集中处理	河道	50	100	116.58	40.44
3	莲花池	富华农家院	化粪池	河道	30	50	116.58	40.44
4	莲花池	付雅静农家院	集中处理	河道	20	20	116.58	40.44
5	莲花池	德翠农家院	集中处理	河道	30	60	116.58	40.44
6	长元	幽雅农家院	集中处理	河道	35	20	116.606	40.41
7	长元	情怀农家院	集中处理	河道	30	30	116.60	40.41
8	长元	清真火啦	集中处理	河道	25	30	116.60	40.41
9	长元	老孟农家院	集中处理	河道	20	20	117.60	40.42
10	长元	相知庄园	集中处理	河道	20	20	116.66	40.41
11	长元	曼谷农家院	集中处理	河道	70	50	116.60	40.41
12	长元	繁荣农家院	集中处理	河道	30	60	116.61	40.41
13	长元	金二农家园	集中处理	河道	40	30	116.64	40.42
14	长元	溪乐园农家院	集中处理	河道	40	100	116.64	40.41
15	神堂峪	一亩三分地	集中处理	河道	70	80	116.64	40.42
16	官地	常大妈农家院	集中处理	河道	40	200	116.64	40.42
17	官地	栗香庭院	集中处理	河道	25	60	116.64	40.43
18	官地	毛家农院	集中处理	河道	20	10	116.64	40.43
19	官地	官地家园	集中处理	河道	20	24	116.64	40.43
20	官地	老户新家	集中处理	河道	30	60	116.64	40.43
21	官地	山水庭园	集中处理	河道	30	50	116.64	40.44
22	官地	飞龙农家院	集中处理	河道	40	100	116.64	40.44
23	官地	艳红农家院	集中处理	河道	15	20	116.64	40.44
24	官地	杨晓华农家院	集中处理	河道	20	50	116.64	40.43
25	石片	峻岭农家院	集中处理	河道	35	70	116.63	40.44
26	石片	聪聪农家院	集中处理	河道	25	80	116.63	40.44

序号	民俗村	民俗接待户名称	污水处理措施	污水排放去向	床位/床	接待量/（人/d）	地理位置	
							经度/（°）	纬度/（°）
27	石片	田大姐农家院	集中处理	河道	20	40	116.64	40.45
28	石片	五道河农家院	集中处理	河道	20	20	116.63	40.44
29	石片	山华园农家院	集中处理	河道	20	25	116.63	40.46
30	石片	大保农家院	集中处理	河道	20	50	116.63	40.45
31	石片	神堂峪暖喆农家院	集中处理	河道	20	30	116.63	40.45
32	石片	文志农家院	集中处理	河道	20	180	116.47	40.69

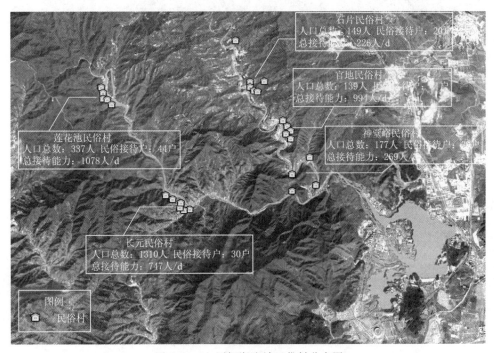

图 2.2-6　雁栖湖流域民俗村分布图

同时，对莲花池村 3 区污水处理站和长元村 3 区、6 区、7 区污水处理站及神堂峪河边污水处理站进行污水排放水量监测和水样采集；由于条件限制，未对石片村和官地村的污水处理站进行排污流速和水样的采集。水样采集情况详见表 2.2-10，污水处理站分布情况如图 2.2-7 所示。

表 2.2-10　　雁栖湖流域上游各村污水处理水样流量测定及水样采集

行政村	采样点名称	排污流量/（mL/s）	采样时间
莲花池	莲花池 3 区污水处理站	396.0	2016 年 6 月 14 日
长元	长元村 3 区污水处理站	48.6	2016 年 6 月 14 日
	长元村 6 区、7 区污水处理站	975.6	2016 年 6 月 14 日
神堂峪	神堂峪河边污水处理站	403.7	2016 年 6 月 14 日

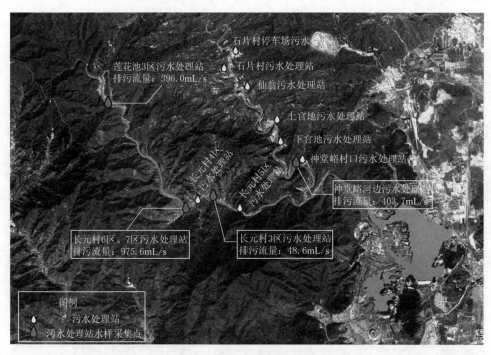

图 2.2 - 7　民俗村污水处理站分布图

2.3　雁栖湖流域入河污染物估算

2.3.1　入河污染负荷计算方法

2.3.1.1　点源污染负荷计算

（1）本研究采用容积法对点源污水排放量进行计算。

计算公式为

$$Q = \frac{V}{t}$$

式中：Q 为污水排放流量，m^3/s；V 为容器体积，m^3；t 为接流时间，s。

（2）点源污染源入河负荷量计算公式为

$$M = 1000QCT$$

式中：M 为点源污染源入河污染负荷量，kg；Q 为点源污染源污水排放流量，m^3/s；C 为点源污染源特征污染物水质浓度值，mg/L；T 为点源污染源污水排放持续时间，s。

2.3.1.2　雁栖河流域入河污染负荷量估算

（1）渔场养殖废污水排放的入河污染负荷，一般采用人工投放饵料的营养物质含量与养殖对象吸收的营养物量进行折算获得，以网箱养鱼为例：养殖水体污染负荷量＝总投饵量×饵料中 N（P）等营养物质所占比重－渔获物体重增加量×鱼类单位体重中的 N（P）等营养物质所占比重。鱼类中的 N、P 等营养物质所占比重，一般取

25％和 0.22％。

（2）主要餐饮企业、民俗接待户所排放的污染负荷的入河量为污水处理站尾水排放量与尾水水质浓度的乘积，即

$$W = \sum_{i=1}^{n} Q_i C_i, i = 1, 2, \cdots$$

式中：Q_i 为第 i 个排污单位排放入河的尾水量，m^3/年；C_i 为第 i 个排污单位排放入河的污染物浓度，mg/L；n 为排污单元个数。

2.3.2 雁栖湖流域入河污染负荷估算

雁栖湖流域旅游业呈现较强的季节性和时段性特征，主要为春夏秋季节旅游旺盛、周末、黄金周旅游人次多、平时人极少、中午人较多、早晚人较少等特点。总体上，旅游旺季从 4 月初到 10 月底，淡季从 11 月初到次年 3 月底。餐饮企业年接待规模达 230 万人次，民俗接待年接待规模可达 70 万人次。雁栖湖流域上游餐饮企业年污水排放量为 46.64 万 t，渔场养殖年污水排放量为 514 万 t，民俗接待年污水排放量为 33.97 万 t。

2.3.2.1 餐饮企业入河污染负荷估算

根据雁栖河沿河两岸餐饮企业的空间位置分布、接待规模及采样监测的便利性等实际情况，课题组于 2016 年 6 月 7—13 日分别对纳百川度假村、川谷度假村 2 家餐饮企业的尾水排放量及尾水水质浓度进行了现场采样与监测。根据排污口流量监测结果，结合实际的接待人数，计算出该餐饮企业人均排污量（表 2.3-1），并据此推算得到典型餐饮企业在旅游旺季人均日排污量为 202.68L/人。根据旅游部门及现场调查结果可知，目前雁栖河流域年接待外来旅游规模约 230 万人次，则可得由外来旅游人口增加的年排污量达 46.64 万 t，其中长园河年排污量达 37.15 万 t，神堂峪沟排污量约为 9.49 万 t，详细计算结果见表 2.3-2。

表 2.3-1　　　　　　　　典型餐饮企业排污量监测结果

名　　称	接待规模/(人/d)	实际接待规模/(人/d)	排污口流量/(mL/s)	人均排污量/(L/d)
纳百川餐饮企业	150	8	18.2	196.56
川谷餐饮企业	400	18	43.5	208.80
平均				202.68

表 2.3-2　　　　　　　　主要餐饮企业入河排污量计算结果

行　政　村	周边度假村接待能力/(人/d)	年接待规模/万人次	年排污量/万 t
神堂峪	2210	26	5.25
官地	435	5	1.03
石片	1350	16	3.21
长元	10724	126	25.50
莲花池	4900	57	11.65
合计（长园河）	15624	183	37.15
合计（神堂峪沟）	3995	47	9.49
合计（雁栖河）	19619	230	46.64

雁栖河是海河水系潮白河支流怀河的主要支流之一，其水体功能为一般鱼类保护区，水质保护目标为地表水Ⅲ类。根据北京市《水污染物排放标准》（DB 11/307—2005）中标准分级和限值的规定，排入北京市Ⅲ、Ⅳ类水体及其汇水范围的污水执行二级标准限值。因此，该区域的污水排放需执行二级标准限值（表2.3-3）。根据现场监测结果可知，餐饮企业的TP指标排放浓度远大于排放限值要求，需要对该区域餐饮企业污水处理设施的运行状况加强监管，核实是否正常运行，并实时进行技术升级改造，以确保污水处理站的正常运行和入河水质达标。

表2.3-3　　　　　典型餐饮企业水质指标监测结果

名　　称	污水处理措施	污染物排放浓度/(mg/L)		水污染物排放限值/(mg/L)	
		TP	TN	TP	TN
纳百川餐饮企业	污水处理设施	0.96	8.97	0.5	—
川谷餐饮企业	污水处理设施	5.95	58.13	0.5	—

基于现状调查结果，并结合旅游部门的相关统计资料，按人均排污贡献3h（包括餐饮企业为旅游人群就餐的餐前准备、就餐过程及餐后洗涤等）条件下，雁栖湖流域上游餐饮企业排污导致的入河污染负荷量计算结果见表2.3-4。由表2.3-4中统计结果可知，在雁栖湖流域年接待230万人次时，由外来旅游人口就餐导致的TP、TN入河污染负荷量分别为203.69kg/年、1895.44kg/年。雁栖湖流域各行政村周边度假村入河污染负荷量计算结果见表2.3-5和图2.3-1。

表2.3-4　　　　雁栖湖流域上游餐饮企业排污导致的入河污染负荷量

接待人次/万人	单位旅游人口的入河污染负荷量/[g/(s·万人)]		入河污染负荷量/(kg/年)	
	TP	TN	TP	TN
230	0.082	0.763	203.69	1895.44

表2.3-5　　　雁栖湖流域各行政村周边度假村入河污染负荷量计算结果

行政村周边度假村	年接待规模/万人次	年接待规模/万人次	入河污染负荷量/(kg/年)	
			TP	TN
神堂峪	26	25.9	22.94	213.51
官地	5	5.1	4.52	42.03
石片	16	15.8	14.02	130.43
长元	126	125.8	111.34	1036.07
莲花池	57	57.5	50.87	473.40
合计（长园河）	18.3	183.3	162.21	1509.47
合计（神堂峪沟）	47	46.9	41.48	385.97
合计（雁栖河）	230	230.1	203.69	1895.44

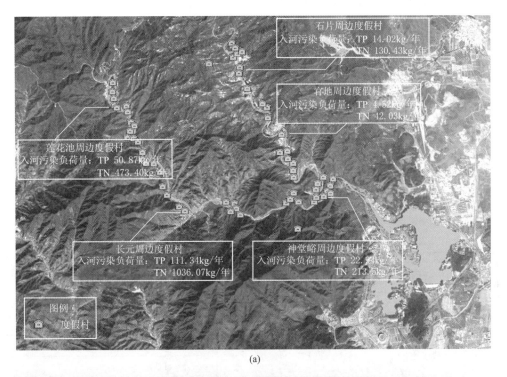

石片周边度假村
入河污染负荷量：TP 14.02kg/年
TN 130.43kg/年

宫地周边度假村
入河污染负荷量：TP 4.52kg/年
TN 42.03kg/年

莲花池周边度假村
入河污染负荷量：TP 50.87kg/年
TN 473.40kg/年

长元周边度假村
入河污染负荷量：TP 111.34kg/年
TN 1036.07kg/年

神堂峪周边度假村
入河污染负荷量：TP 22.94kg/年
TN 213.5kg/年

图例
🏠 度假村

(a)

神堂峪淘餐饮企业
入河污染负荷量：
TP 41.48kg/年
TN 385.97kg/年

长园河餐饮企业
入河污染负荷量：
TP 162.21kg/年
TN 1509.47kg/年

雁栖河餐饮企业
入河污染负荷量：
TP 203.69kg/年
TN 1895.44kg/年

图例
🏠 度假村

(b)

图 2.3-1　雁栖湖流域各行政村周边度假村入河污染负荷量图

2.3.2.2 渔场养殖入河污染负荷估算

1. 渔场养殖入河污染负荷量分析

由于缺乏对各个渔场排污量监测的详细数据，因此本研究根据对各渔场供水量的监测数据，对雁栖湖渔场养殖排污量进行初步统计（表2.3-6），结果表明雁栖河渔场养殖年排污量约为514.04万t（不考虑鱼池水面蒸发和养殖鱼类生长所含水分）。

表2.3-6　　　　　　雁栖湖流域渔场养殖排污量统计表　　　　　单位：m³/s

渔 场 名 称	供 水 量	渔 场 名 称	供 水 量
交界河渔场	0.025	花苑湖渔场	0.014
北京怀柔溢彩宏养殖场	0.062	合计（长园河）	435.20
北京单书艳养殖场	0.037	合计（神堂峪沟）	78.84
长园自家渔场	0.015	合计（雁栖河）	514.04
长园001号渔场	0.010		

为分析渔场流水养殖污染负荷入河对受纳水体水质的影响，根据水样监测化验结果，不同渔场入河污染负荷量计算结果及比较详见表2.3-7和图2.3-2。

表2.3-7　　　　　　　　不同渔场入河污染负荷量计算结果

渔 场 名	采 样 时 间	入河污染负荷量/(g/s)	
		TP	TN
北京怀柔溢彩宏养殖场	2016年5月31日 10:00	0.000206	0.001329
北京单书艳养殖场	2016年6月2日 10:00	0.000163	0.000866
长园001号渔场	2016年6月2日 11:00	0.000110	0.000619

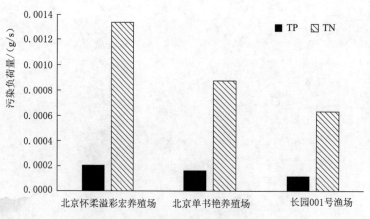

图2.3-2　不同渔场入河污染负荷量比较

北京怀柔溢彩宏养殖场是雁栖河流域养殖渔场中最大的一个，其次是北京单书艳养殖场，长园001号渔场的养殖规模相对最小。由表2.3-7和图2.3-2所示结果可知，各渔场引排水增加的入河污染负荷量与渔场养殖规模相关关系显著，即渔场养殖规模越大，其引排水量及由此增加的入河污染负荷也就越大。

由于各渔场养殖规模及商品鱼产量均无法准确确定，同时本次调查时间已经过了虹鳟鱼、鲟鱼等鱼类大量进食季节，加之受渔场养殖投料、清池等因素影响，因此渔场养殖规模与其引排水增加的入河污染负荷量需要根据养殖鱼类的生活习性、养殖特点及其相关的技术规范等进行理论分析，并结合现场调查成果进行核实及合理修正。

2. 渔场日常排水及清池排水负荷调查

为研究渔场养殖规模及商品鱼产量与饵料投放量的关系，并分析饵料投放量与渔场排水负荷增加量而引起的 N、P 负荷流失量的关系，于 2016 年 7 月 25 日、26 日和 29 日对长园 001 号渔场进行了为期 3 天的现场监测。

(1) 长园 001 号渔场基本情况调查。长园 001 号渔场位于长园河中下游，有 4 个小型鱼池，有 2 个为鱼苗养殖池，其规格为 10m×2m（6 个规格为 3m×20m）的流水养殖池，渔场流水池面积合计为 965m²，流水养殖池水深为 80～100cm。鱼苗约 7000 尾，成鱼约 8000 尾。渔场饵料投放每天早晚各 1 次（8:40、18:00），每天喂食 30kg，每月饵料量约尾 0.9t。每周清池一次，多为每周三进行。鱼苗生长期约 1 年左右，每条鱼年均体重增加 0.75kg，年鱼产量 1.13 万 kg（表 2.3 - 8）。

表 2.3 - 8　　　　　　长园 001 号渔场年鱼产量调查成果

| 渔场养殖规模 | | 年均体重增加量/kg | 合计鱼产量/万 kg |
鱼苗/万尾	成鱼/万尾		
0.7	0.8	0.75	1.13

渔场饵料投放每天早晚各 1 次（8:40、18:00），同时根据实际养鱼数量和不同季节，每次喂养时间和投饵料量有一定的差异。从长园 001 号渔场现场调查结果（表 2.3 - 9）来看，在鱼大量摄食季节（1—5 月、8—11 月），每天投饵量为 60kg；当天气较冷或较热（11—12 月、6—7 月）时，鱼摄食欲望大大降低，故每天投饵料减少到 30kg 左右。长园 001 号渔场年投饵量约 1.914 万 kg。

表 2.3 - 9　　　　　　长园 001 号渔场年饵料投放量调查成果

月　　份	日投饵量/kg	总投饵料/kg
1—5 月、8—11 月	60	16380
11—12 月、6—7 月	30	2760
合计		19140

(2) 现场水质采样过程。现场水质采样监测包括渔场喂养后日常排水采样监测、每周一次的渔场清池排水采样监测、渔场引水水质及水量同步采样监测等。长园 001 号渔场日常及清池排水采样监测安排见表 2.3 - 10。

表 2.3 - 10　　　　长园 001 号渔场日常及清池排水采样监测安排

监测内容	采样时间	采样频次	备注
引水水量、水质	2016 年 7 月 25 日　8:20	1 次	水量水质同步监测
	2016 年 7 月 26 日　8:20		
	2016 年 7 月 29 日　8:20		

监 测 内 容	采 样 时 间	采样频次	备 注
渔场日常排水水质	2016 年 7 月 25 日　9:00—17:00 2016 年 7 月 26 日　9:00—17:00	每 2 小时 1 次	8:40 开始喂食 9:00 开始喂食
渔场清池排水水质	2016 年 7 月 29 日　8:40—17:30	每小时 1 次	8:40 开始喂食 9:40 开始清池

（3）长园 001 号渔场日常排水负荷监测。针对渔场日常喂养规律，分别于 2016 年 7 月 25 日、26 日对渔场投料后的日常排水进行常规采样检测，其监测成果分别见表 2.3 - 11 和图 2.3 - 3。由图 2.3 - 3 中的排水变化过程来看，渔场饵料投放对 COD_{Mn}、NH_3—N 两指标影响较为明显，而对 TP、TN 指标的影响相对较小。

表 2.3 - 11　　　　　　长园 001 号渔场日常排水负荷监测成果

采样日期	序号	采样时间	TP/(mg/L)	TN/(mg/L)	COD_{Mn}/(mg/L)	NH_3—N/(mg/L)
长园 001 号 渔场出水 （2016 年 7 月 25 日）	1	9:00	0.275	7.37	3.77	0.448
	2	11:00	0.308	8.24	4.82	0.633
	3	13:00	0.268	7.30	4.40	0.550
	4	15:00	0.283	7.44	5.21	0.606
	5	17:00	0.263	7.32	4.81	0.575
		平均	0.279	7.53	4.60	0.562
长园 001 号 渔场出水 （2016 年 7 月 26 日）	6	9:00	0.311	7.35	4.24	0.497
	7	11:00	0.335	7.79	5.13	0.623
	8	13:00	0.323	7.71	4.81	0.633
	9	15:00	0.305	7.68	4.34	0.598
	10	17:00	0.283	7.87	5.04	0.653
		平均	0.311	7.68	4.71	0.601

（4）长园 001 号渔场清池排水负荷监测。长园 001 号渔场每周清池一次，时间为每周三。本次监测时间为 2016 年 7 月 29 日（周五）全清池过程，其排水监测成果见表 2.3 - 12 和图 2.3 - 4。由图 2.3 - 4 中的监测结果可知，由于 15:40 之后开始清理靠近渔场出水口的 3 个鱼池，大量悬浮物质随着清池不断排出鱼池，悬浮物中含有大量的鱼类粪便及未被鱼吸食的饵料（主要成分为粗蛋白质❶、粗脂肪❷、粗纤维❸等）等，导致饵料中的 P 逐渐溶于水体中，致使 15:40 之后采集水样中的 TP 浓度显著增加，随着清池进程 TP 浓度有所下降。而 TN 指标，由于饵料中的 N 基本均涵盖在不易溶于水的粗蛋白质中，无论是渔场日常排水，还是渔场清池排水，残余饵料（未被鱼消化吸收的粗蛋白）中的 TN 基本以粗蛋白形态存在，只有极少量的非溶解态氮转

---

❶　粗蛋白质占饵料成分为 40%～46%。

❷　粗脂肪占饵料成分超过 8%。

❸　粗纤维占饵料成分低于 7%。

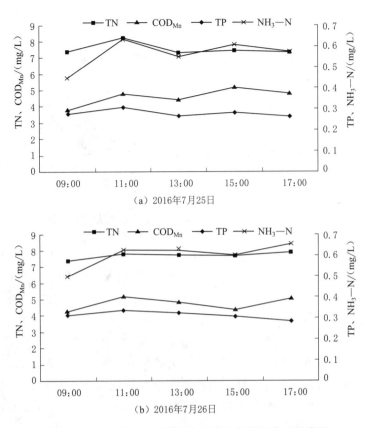

（a）2016年7月25日

（b）2016年7月26日

图 2.3-3　长园 001 号渔场日常排水负荷变化过程线图

化成溶解态氮并进入水体，故饵料投放对出水中的 TN 增加影响相对较小，而渔场清理池底的沉积物对出水 TN 浓度影响更小。

表 2.3-12　　　　　　　　长园 001 号渔场清池排水负荷监测成果

采样日期	序号	采样时间	TP/(mg/L)	TN/(mg/L)	COD_{Mn}/(mg/L)	NH_3-N/(mg/L)
长园 001 号渔场清池排水（2016 年 7 月 29 日）	1	9:00	0.275	7.37	3.77	0.448
	2	11:00	0.308	8.24	4.82	0.633
	3	13:00	0.268	7.30	4.40	0.550
	4	15:00	0.283	7.44	5.21	0.606
	5	17:00	0.263	7.32	4.81	0.575
	平均		0.279	7.533	4.602	0.562

3. 渔场污染负荷贡献理论分析

（1）养殖鱼种生活特征。长园河又名"虹鳟鱼养殖一条沟"，养殖鱼类主要包括虹鳟鱼和俄罗斯鲟，其中虹鳟鱼属冷水性鱼类，适宜低温生长环境，故养殖主要分布在源头区。虹鳟鱼最适宜水温为 12～18℃，超过 18℃ 或低于 12℃ 生长减慢。稚鱼适宜生长在温度 10℃ 左右。虹鳟鱼最适宜生长温度为 16～18℃，在适温范围内摄食旺

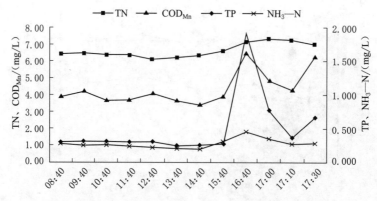

图 2.3-4　长园 001 号渔场清池排水负荷变化过程线图

盛，生长迅速，肌体保持良好的新陈代谢状态。生长没有明显的下限温度，1℃水温下仍能摄食生长。虹鳟鱼能生存于 pH 为 5.5～9.2 的水中，但最适宜的 pH 范围为6.5～6.8。对盐度的适应能力则随个体的成长而增强，稚鱼 5～8g，当年鱼 12～14g、1 龄鱼至成鱼 20～35g，通常 35g 以上鱼种，经半咸水过渡，即可适应海水生活。虹鳟鱼以水生或近水陆生昆虫为食，也摄食小型鱼类。养殖条件下从稚鱼至成鱼可完全摄食人工饲料。虹鳟鱼喜栖清冷富氧水域，饲养水中溶解氧降至 2.80mg/L 以下时摄饵率、饵料效率、增重率明显降低；溶解氧降至 1.4mg/L 时生长停止，死亡率增高，该值为虹鳟鱼的致死点。虹鳟鱼生长适宜溶解氧为 6mg/L 以上，9mg/L 以上快速生长。在水温 7～12℃条件下，10 尾虹鳟鱼平均体长 10.8cm、体重 18.8g 个体耗氧率为 440mg/(kg·h)，窒息点临界含氧量为 2.24mg/L。

俄罗斯鲟适宜温度为 18～25℃，产卵季节在春季，繁殖水温为 15～19℃，最佳繁殖水温为 17℃，盐度范围为 1‰～3‰，pH 范围为 7～8。在水温 20～22℃条件下10 尾平均体长 14cm、体重 48g 俄罗斯鲟个体耗氧率为 380mg/(kg·h)，窒息点临界含氧量为 1.27mg/L。

（2）商品鱼养殖技术。虹鳟鱼养殖池面积以 2m×15m 为宜，在流量为 100L/s的环境中，保持水深为 50～60cm，放养密度为 600～800 尾/m²。养殖水温在 20℃以下，以 12～18℃最为适宜，溶解氧在 6mg/L 以上可以保证商品鱼的正常生长发育。水中溶解氧达 6～10mg/L 时生长最快。供水量 0.1m³/s 可供给 600m² 流水池，水深50～80cm 可放养 40～50g 的鱼种 3.5 万尾。投喂蛋白质含量 40% 以上的全价饲料，饲育 1 年可产规格 0.6～1.0kg 的商品鱼 1.5 万 kg，且不易发病。

虹鳟鱼鱼种和成鱼用的全价饲料，其营养成分中粗蛋白质为 40%～45%，粗脂肪为 6%～16%，粗纤维为 2%～5%，灰分为 5%～13%，水分为 8%～12%。日投饵量一般不超过鱼体总重的 3%，每日投饵二三次。

控制水质，保证池水有充足的溶解氧是密养下水质控制的重要指标，当水量充足时，无需增氧即可获得可观的生产量。通常注水率［注水率=［注水量（L/s）/饲养鱼重量（kg）×1000］数值在 10～15 时饲养效益最好。

鲟鱼养殖：鲟鱼养殖采用流水池养殖模式，占地面积小、产量高、管理方便，一般采用水泥池。鱼池面积 $15\sim50m^2$，一般不宜大于 $50m^2$。养殖 $3\sim30g$ 鱼种时，水深 $0.7\sim0.8m$，$30g$ 以上鱼种时水深 $1m$。长形池的坡降为 $10‰\sim15‰$，以便鱼池排水彻底。鲟鱼养鱼池较小时，养殖商品鱼的前阶段水交换量 $1\sim3$ 次/h；面积在 $50\ m^2$ 左右的鱼池，视水温、放养密度等情况，池水的交换量可以控制在 $1\sim4$ 次/h。如果水的交换量达不到上述要求，则放养密度应根据实际情况向下调整。鲟鱼的放养密度由鱼的大小和水温决定，具体参数可参照表 2.3－13。

表 2.3－13　　　　　　　　　　鲟鱼放养密度参数

鱼 体 重/g	水 温/℃	放养密度/(尾/m^2)
3.1～5.0	22～24	5000～8000
5.1～30.0	24～26	2000～2500
30.0 以上	24～26	1000～1500

根据鲟鱼养殖对池水交换量的要求（$1\sim4$ 次/h），则供水量 $0.1m^3/s$ 可供给水深 $1m$、$90\sim360m^2$ 流水池进行鲟鱼养殖。根据表 2.3－13 中的鲟鱼（商品鱼均为 $30g$ 以上）放养密度要求，在 $0.1m^3/s$ 的供水量下可养殖 $30g$ 以上鲟鱼 9 万～54 万尾。考虑到雁栖湖流域水温特点（常年较低，很少时间能达到 $24\sim26℃$ 要求）、水流交换量变化特征及鱼池自上而下串联的情况，故雁栖湖流域供水量 $0.1m^3/s$ 可养殖 16.2 万尾 $30g$ 以上鲟鱼（设计参数：池水交换量 2 次/h，放养密度：900 尾/m^2）。鲟鱼生长速度较快，一般当年就可以长 $0.5kg$ 以上。在本次计算中，考虑到鱼苗生长及企业养鱼的科学技术水平，平均选取 $0.3kg$ 作为商品鲟鱼和鱼苗培育的年增重量。

（3）渔场饵料投放的流失量分析。对现有资料综合分析，投饵式养鱼用于增加鱼体重的饲料量，仅占投饵总量的 30%。假设投饵量为 100%，有 15%～20% 的饵料，在投喂过程中损失而进入水体中；约有 30% 以上的饵料，未被消化吸收而以粪便方式排入水中；约占鱼体摄入量的 40%～50% 的氮在能量代谢过程中以尿素氮、NH_3—N 等废物排入水中；仅约有 30% 左右的饵料物质被水产养殖动物有效利用。70% 左右的饵料物质，直接和间接进入水体之中对水质造成污染。刘家寿等（1997）介绍，国外产出 1t 虹鳟鱼，池塘 TP 和 TN 的负载量，分别为 25.6kg 和 124.2kg；湖泊网箱养殖生产 1t 虹鳟鱼，P 和 N 的负载量，分别为 23kg 和 100kg，仅有 24.7% 的 N 和 30% 的 P 用于鱼体生长。由此可见，投饵式养鱼输入的 TN 和 TP 负荷 70% 左右均由水体负载，渔场饵料投放对受纳渔场排水的河湖水环境带来较大的压力。

（4）雁栖湖流域渔场养殖规模及产量推求。由于缺乏相对准确的各渔场养殖规模、商品鱼产量及养殖饲料使用量的相关数据，故本次需要采用对各渔场用水量的监测数据，并利用长方形鱼池面积—养殖鱼产量与供水量的设计关系（表 2.3－14），推求各渔场养殖规模及商品鱼年产量。各渔场商品鱼养殖规模及产量见表 2.3－15。由表 2.3－15 中的推求统计结果可知，雁栖湖流域虹鳟鱼养殖规模（40g 以上鱼种）2.16 万尾、年产量 0.92 万 kg，鲟鱼养殖规模约 16.22 万尾、年产量 4.86 万 kg。

表 2.3－14　　　　　　　　　　雁栖湖流域虹鳟鱼及鲟鱼养殖设计参数

商品鱼种类	供水量/(m³/s)	养殖规模/万尾	鱼产量/万 kg
虹鳟鱼	0.1	3.5	1.5
鲟鱼	0.1	16	4.8

表 2.3－15　　　　　　　　　各渔场商品鱼养殖规模及产量推求结果

渔 场 名 称	供水量/(m³/s)	养殖规模/万尾	鱼产量/万 kg	备 注
交界河渔场	0.025	4.06	1.22	鲟鱼养殖
莲花池渔场	0.062	2.16	0.92	虹鳟鱼养殖
北京单书艳养殖场	0.037	5.92	1.78	鲟鱼养殖
长园自家渔场	0.015	2.40	0.72	鲟鱼养殖
长园 001 号渔场	0.010	1.60	0.48	鲟鱼养殖
花苑湖渔场	0.014	2.24	0.67	鲟鱼养殖
合计(虹鳟鱼)		2.16	0.92	
合计(鲟鱼)		16.22	4.87	
合计(长园河)		14.32	4.57	
合计(神堂峪沟)		4.06	1.22	
合计(雁栖河)		18.38	5.79	

（5）雁栖湖流域渔场养殖污染物排放增量。林利民等（2006）研究表明俄罗斯鲟养殖的饵料系数为 1.74。虹鳟鱼及俄罗斯鲟养殖的全价饲料含氮量为 8%，含磷量为 1.1%（来长青等，2003）。同时根据上述的鱼池饵料投放的流失量分析结果，本次计算渔场养殖污染物排放增量时采用的 TN、TP 流失系数均为 0.7，故雁栖湖流域各渔场养殖排水导致的入河污染物增量统计见表 2.3－16。

表 2.3－16　　　　雁栖湖流域各渔场养殖排水导致的入河污染物增量统计

渔 场 名 称	鱼产量 /(万 kg/年)	饵料系数	营养成分/%		营养损失 /%	入河负荷增量/(kg/年)	
			TP	TN		TP	TN
莲花池渔场	0.92	1.6				124.29	662.89
交界河渔场	1.22					177.80	948.29
北京单书艳养殖场	1.78					259.52	1384.10
长园自家渔场	0.72	1.74	1.2	6.4	70	105.24	561.25
长园 001 号渔场	0.48					70.16	374.17
花苑湖渔场	0.67					98.22	523.84
合计(长园河)	4.57					657.43	3506.25
合计(神堂峪沟)	1.22					177.80	948.29
合计(雁栖河)	5.79					835.23	4454.54

由表 2.3－16 中的统计结果可知，在课题组采样期间的供水量控制条件下，依据虹鳟鱼、俄罗斯鲟商品鱼养殖的规范设计要求，并结合雁栖湖流域实际的气候条件和鱼池设计特征，模拟并统计得到小流域内各渔场养殖排水增加的入河污染负荷量：TP 为 835.23kg/年、TN 为 4454.54kg/年，其中长园河各渔场排水增加的 TP、TN

入河负荷量分别为 657.43kg/年、3506.25kg/年。雁栖湖流域每产出 1t 商品鱼（虹鳟鱼或鲟鱼）鱼池 TP 和 TN 的负载量分别为 14.6kg 和 78.0kg，与国内外池塘或湖泊网箱养鱼的 TN 负载量相差约 43%，TP 负荷量相差约 37%。

4. 渔场污染负荷实际入河负荷量修正

（1）典型渔场投放饵料的流失量分析。根据 2016 年 7 月 25 日、26 日连续 2 天对长园 001 号渔场一次喂食全过程排水水质变化过程、7 月 29 日渔场清池排水水质变化过程及渔场引排水量监测，得到长园 001 号渔场饵料投放后实际进入下游水体中的 TP、TN 负荷量分别占饵料中营养物质总量的 54.60%、58.09%，详细计算结果见表 2.3-17。

表 2.3-17 长园 001 号渔场养殖排水中的营养物质流失量统计

项 目	TP	TN	备 注
饲料成分/%	1.20	6.40	鲟鱼配合饲料(产品标准编号：**)
投饵料量/(kg/d)	20.00	20.00	
营养物质含量/(kg/d)	0.24	1.28	
渔场日常排水负荷含量/(kg/d)	0.09	0.73	
渔场清池排放负荷量/(kg/d)	0.18	0.43	
渔场排水日均负荷量/(kg/d)	0.13	0.74	计算公式＝(Q×日常排水负荷×6＋Q×渔场清池排水负荷×2)/7
渔场排水入河污染负荷比例/%	54.60	58.09	

根据理论推求结果，投饵式养鱼输入的 TP、TN 负荷量 70% 均由排水受纳水体承载，但从长园 001 号渔场排水水质实测资料计算成果对比分析来看，TP 负荷相差不大，而 TN 指标则与理论分析存在较大的差异，这主要与饵料中含氮物质的物质形态和可溶性有直接关系，即蛋白质等含氮营养物质进入受纳水体后对受纳水域水质的影响是一个长期、渐进且呈累积影响的过程，故短时间内的渔场排水监测无法真实反映饵料中蛋白质等含氮物质对受纳水体缓慢、渐进的影响过程，因此结合 TP 指标的监测结果，渔场养殖排水中 N、P 物质流失对受纳水体的贡献率（流失系数）修正均取为 0.6。

（2）雁栖湖流域渔场养殖规模核算。根据 2016 年 6 月对雁栖河流域各渔场的现场调查结果，除交界河渔场主要以鲟鱼养殖为主外，其余各渔场均以虹鳟鱼养殖为主。从长园 001 号渔场虹鳟鱼养殖规模与实际引水量的比例关系来看，年养鱼 0.8 万尾需要引水流量 0.009m³/s，即可推求引水流量为 0.1m³/s 时的实际养殖规模约为8.11 万尾；同时从长园 001 号渔场养殖规模与鱼产量的比例关系来看，长园 001 号渔场虹鳟鱼年可增重超过 0.75kg。另外，雁栖河鲟鱼养殖的年增重亦超过 0.5kg，故雁栖河流域虹鳟鱼及鲟鱼养殖设计参数修正情况见表 2.3-18。

表 2.3-18 雁栖河流域虹鳟鱼及鲟鱼养殖设计参数修正情况

商品鱼种类	供水量/(m³/s)	养殖规模/(万尾/年)	鱼产量/(万 kg/年)
虹鳟鱼	0.1	8.11	6.08
鲟鱼	0.1	16.0	8.00

根据表 2.3-18 所示的雁栖河流域虹鳟鱼及鲟鱼养殖设计参数修正情况,推求各渔场养殖规模及商品鱼年产量。各渔场推求的商品鱼养殖规模及产量见表 2.3-19。由表 2.3-19 中的推求统计结果可知,雁栖河流域虹鳟鱼养殖规模(40g 以上鱼种)11.17 万尾、年产量 8.37 万 kg,鲟鱼养殖规模 4.06 万尾、年产量 2.03 万 kg。

表 2.3-19　　　　　　　各渔场推求的商品鱼养殖规模及产量

渔场名称	供水量/(m³/s)	养殖规模/万尾	鱼产量/万 kg	备注
交界河渔场	0.025	4.06	2.03	虹鳟鱼/鲟鱼养殖
莲花池渔场	0.062	5.00	3.75	虹鳟鱼养殖
北京单书艳养殖场	0.037	3.00	2.25	虹鳟鱼养殖
长园自家渔场	0.015	1.22	0.91	虹鳟鱼养殖
长园 001 号渔场	0.010	0.81	0.61	虹鳟鱼养殖
花苑湖渔场	0.014	1.14	0.85	虹鳟鱼/鲟鱼养殖
合计(虹鳟鱼)		11.17	8.37	
合计(鲟鱼)		4.06	2.03	
合计(长园河)		11.17	8.37	
合计(神堂峪沟)		4.06	2.03	
合计(雁栖河)		15.23	10.40	

(3)雁栖河流域渔场养殖废水入河负荷量计算。基于长园 001 号渔场实际调查与渔场排水水质采样分析结果,长园 001 号渔场养殖投放饵料流失引起受纳水体 N、P 污染负荷增量系数均为 0.60。虹鳟鱼及鲟鱼养殖的饵料系数分别为 1.60、1.74。渔场养殖全价饲料 TN 为 6.4%、TP 为 1.2%。根据上述的鱼池饵料投放的流失量分析结果,计算得到雁栖河流域各渔场养殖排水实际增加的入河污染物增量统计见表 2.3-20 和图 2.3-5。

表 2.3-20　　　雁栖河流域各渔场养殖排水实际增加的入河污染物增量统计

渔场名称	鱼产量/(万 kg/年)	饵料系数	营养成分/%		营养损失/%	入河负荷增量/(kg/年)	
			TP	TN		TP	TN
莲花池渔场	3.75	1.60				432.00	2304.00
交界河渔场	2.03					254.32	1356.36
北京单书艳养殖场	2.25		1.2	6.4	60	281.88	1503.36
长园自家渔场	0.91	1.74				114.30	609.61
长园 001 号渔场	0.61					76.20	406.41
花苑湖渔场	0.85					106.68	568.97
合计(长园河)	8.37					1011.07	5392.35
合计(神堂峪沟)	2.03					254.32	1356.36
合计(雁栖河)	10.40					1265.39	6748.71

（a）

（b）

图 2.3-5　各渔场养殖排水实际增加的入河污染物增量统计图

由表 2.3-20 中的统计结果可知,在采样期间的供水量控制条件下,依据虹鳟鱼、俄罗斯鲟商品鱼养殖的规范设计要求,并结合雁栖河流域实际的气候条件和鱼池设计特征,计算并统计得到小流域内各渔场养殖排水共增加的入河污染负荷量为 TP 1265.39kg/年、TN 6748.71kg/年,其中长园河各渔场每年排水增加的 TP、TN 入河负荷量分别为 1011.07kg、5392.35kg,神堂峪沟渔场每年养殖排水增加的 TP、TN 入河负荷量分别为 254.32kg、1356.36kg。

2.3.2.3 民俗接待的入河污染负荷估算

根据实际情况,于 2016 年 6 月 14 日分别选取莲花池村、长元村和神堂峪村的典型污水处理站进行排污监测和水样采集。

1. 排污量监测结果分析

莲花池共有 4 个污水处理站,选择莲花池 3 区污水处理站进行排污监测及水样采集,排污流量相对较大,为 396mL/s。长元村共有 8 个污水处理站,选择长元村 3 区和 6 区、7 区污水处理站进行排污监测与水样采集,3 区污水处理站流量相对较小,为 48.6mL/s;6 区、7 区污水处理站则流速相对较大,达 975.6mL/s。神堂峪村共有 3 个污水处理站,选择神堂峪河边污水处理站进行排污监测及水样采集,排污流量为 201.85mL/s。由于 6 月 14 日为周二,处于工作日,民俗接待处于低谷期,民俗村的排污对象主要是其常住人口。根据排污口流量监测结果,结合其实际人数规模,计算出民俗接待人均排污量,见表 2.3-21,可得民俗接待在旅游旺季人均日排污量为 241.55L。根据旅游部门及现场调查结果可知,民俗接待年规模 71 万人次,则可得民俗接待增加的年排污量达 33.97 万 t,详细计算结果见表 2.3-22。

表 2.3-21 雁栖湖流域上游不同民俗村排污量监测结果

民俗村	常住人口/人	名　　　称	排污口流量/(mL/s)	人均排污量/(L/d)
莲花池	300	莲花池 3 区污水处理站	396	228.10
长元	1200	长元村 3 区污水处理站	48.6	188.78
		长元村 6 区、7 区污水处理站	975.6	
神堂峪	160	神堂峪河边污水处理站	201.85	307.76
平均				241.55

表 2.3-22 雁栖湖流域上游不同民俗村排污量统计表

民　俗　村	常住人口/人	接待能力/(人/d)	年接待规模/万人次	年排污总量/万 t
神堂峪	160	269	6	2.80
官地	120	994	21	6.20
石片	130	226	5	2.31
长元	1200	747	16	14.44
莲花池	300	1078	23	8.22
合计(长园河)	1500	1825	39	22.66
合计(神堂峪沟)	410	1489	32	11.31
合计(雁栖河)	1910	3314	71	33.97

2. 水质指标监测结果分析

根据对民俗村的实地调查可知，该流域民俗村均设有污水处理站，污水经处理后排入雁栖河，污水处理站排水水质监测结果见表2.3-23。结合雁栖河废污水排放限值要求，该流域各污水处理站的污水排放浓度除神堂峪污水处理站以外均超出其排放限值，未达到水污染物排放标准。

表 2.3-23　　　　　　　　　污水处理站排水水质监测结果

民俗村	名　　称	污染物排放浓度/(mg/L)		污染物排放限值/(mg/L)	
		TP	TN	TP	TN
莲花池	莲花池3区污水处理站	0.54	7.56	0.5	—
长元	长元村3区污水处理站	0.90	9.06	0.5	—
	长元村6区、7区污水处理站	1.34	14.94	0.5	—
神堂峪	神堂峪河边污水处理站	0.16	0.71	0.5	—

3. 入河污染负荷估算

为分析民俗村污染负荷对所在河道水质的贡献，根据项目期间的水样检测化验结果，各民俗村入河污染负荷贡献见表2.3-24和图2.3-6。

表 2.3-24　　　　　　　　　各民俗村入河污染负荷贡献

民俗村	常住人口/人	采　样　时　间	入河污染负荷量/(g/s)	
			TP	TN
莲花池	300	2016年6月14日12:00	0.00080	0.00898
长元	1200	2016年6月14日14:00	0.00330	0.04004
神堂峪	160	2016年6月14日15:00	0.00008	0.00043
合计	1660		0.00418	0.04945
入河污染负荷量/[g/(s·万人)]			0.0252	0.2979

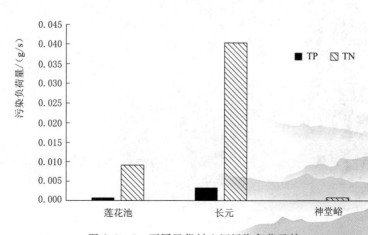

图 2.3-6　不同民俗村入河污染负荷贡献

由表 2.3 - 24 中的统计结果可知，莲花池民俗村增加的入河污染负荷量 TP 为 0.00080g/s，TN 为 0.00898g/s；长元民俗村增加的 TP、TN 量分别为 0.00330g/s、0.04004g/s；神堂峪民俗村增加的 TP、TN 量分别为 0.00008g/s、0.00043g/s。其中，长元民俗村入河污染负荷量约是莲花池民俗村的 4 倍，约是神堂峪的 40 倍。通过典型民俗村的入河污染负荷贡献量，并结合调查时段的排污口，统计得到雁栖河民俗村因人类活动增加的入河污染负荷量 TP 为 0.0252g/(s·万人)、TN 为 0.2979g/(s·万人)。同时根据民俗村年最大接待人数约为 71 万人次，可计算得到由民俗村开展旅游活动所带来的入河污染负荷增量：TP 为 82.45kg/年，TN 为 975.81kg/年，各行政村及神堂峪沟、长园河的入河污染负荷量统计结果详见表 2.3 - 25 和图 2.3 - 7。

表 2.3 - 25 　　　　　　　　　雁栖湖流域上游不同民俗村排污量统计表

民 俗 村	常住人口/人	年接待规模/万人次	入河污染负荷量/(kg/年)	
			TP	TN
神堂峪	160	6	6.86	81.15
官地	120	21	9.75	115.41
石片	130	5	5.61	66.45
长元	1200	16	44.04	521.15
莲花池	300	23	16.19	191.65
合计（长园河）	1500	39	60.23	712.80
合计（神堂峪沟）	410	32	22.22	263.01
合计（雁栖河）	1910	71	82.45	975.81

（a）

图 2.3 - 7（一）　雁栖湖流域上游不同民俗村入河污染负荷量

（b）

图 2.3-7（二） 雁栖湖流域上游不同民俗村入河污染负荷量

2.4 雁栖湖流域存在的主要水环境问题

综合雁栖河流域污染源调查、雁栖河及长园河水环境质量现状调查结果，目前雁栖湖流域主要存在以下几个方面的环境问题：

1. 污染源较多，水环境污染严重

雁栖湖流域内主要有餐饮企业、渔场养殖企业和民俗接待等三类污染源，包括餐饮企业 63 家、虹鳟鱼及鲟鱼养殖场 6 处，同时还有常住人口约 4000 人。养殖废水、餐饮废污水及生活污水大量排入河道，从而导致长园河、神堂峪沟水污染严重，除源头区水质仍可作饮用水水源外，长园河、神堂峪沟及雁栖河其余各河段水质均已丧失饮用水源功能。目前综合水质类别基本为劣 V 类，主要超标指标为 TP。在雁栖河年排放入河的污染负荷中，主要餐饮企业排水增加的入河 TP、TN 负荷量分别为203.69kg/年、1895.44kg/年，分别占入河总量的 13.1%、19.7%；渔场养殖引排水增加的 TP、TN 负荷量分别为 1265.39kg/年、6748.71kg/年，分别占入河总量的81.6%、70.2%；民俗村排污入河的 TP、TN 负荷量分别为 82.45kg/年、975.81kg/年，分别占入河总量的 5.3%、10.1%。

2. 饮用水安全受到威胁，富营养化现象加剧

20 世纪 90 年代以前，长园河、神堂峪沟及雁栖河水质良好，小流域内居民可以

直接饮用河道内水。自 90 年代后期以来，小流域内的旅游业蓬勃发展，长园河、雁栖河两岸各类餐饮点、垂钓园、休闲俱乐部鳞次栉比，大量生活废污水直排入河，不仅使河水受到严重污染，同时由于流域内居民饮用水基本为傍河取水，所以河道水污染长期持续下去将严重威胁流域内居民及餐饮企业饮用水源的水质安全。

雁栖河是雁栖湖的主要水量来源，目前雁栖湖水质富营养化问题较为突出。因此雁栖河及长园河较为严重的水质污染将影响雁栖湖的水环境质量状况，并制约雁栖湖生态发展示范区的良性发展，同时雁栖湖上游来水携带大量的 TP、TN 负荷也将加剧雁栖湖富营养化发展趋势。

3. 旅游过度开发，妨碍河道行洪

根据近年来雁栖湖流域控制站（柏崖厂水文站）逐日流量序列资料统计，雁栖湖流域多年平均径流量为 0.232m³/s，水资源量十分有限，水资源及水环境承载能力也非常有限。由于雁栖湖流域旅游资源开发缺乏合理的规划管理和规模控制，近些年来长园河、神堂峪沟旅游资源开发严重过度，并挤占河道，不仅导致河流水环境污染较重，同时由于旅游资源开发缺乏河道整体景观设计理念和持续的大兴土木工程建设，导致河道沿岸景观破坏严重，并妨碍河道行洪安全。

4. 拦水堰众多，河流藻华现象加剧

雁栖河河道径流量十分有限，为确保各旅游企业用水需求和水上运动项目的顺利开展，各企业均在附近河道内修建了拦水堰，以壅高河道水位并形成一定的水面面积。目前，长园河、雁栖河两条沟内都已经建立大量的壅水堰，根据 2016 年 6 月 1—3 日的调查，长园河和雁栖河，每条沟内均有超过 30 条以上的拦水堰。大量的拦水堰形成了面积和库容大小不同的池塘，延缓了河道的水流流速，增加了壅水河段的水力停留时间，不仅为污染物在池塘内沉积提供了水动力条件，同时为蓝藻水华的发生提供了条件。近年来长园河、雁栖河内壅水堰前夏季频繁发生的水华现象，尽管主要受河道水质急剧恶化的影响，但拦水堰造成壅水河段的水力停留时间大大延长却有利于小流域内壅水河段内蓝藻水华现象的发生。

5. 生活垃圾倾倒污染河道景观与水环境质量

生活垃圾是雁栖湖流域仅次于旅游餐饮及村民生活废污水的主要污染源之一。尽管莲花池沟、神堂峪沟都建立了生活垃圾分散式集中收集场所，并采用垃圾车定时装运至怀柔城区垃圾处理场进行统一处理，但仍有生活垃圾沿河道边堆放的现象，从而对河道水环境产生不利影响。

雁栖湖流域水环境变化及其特征

3.1 雁栖湖流域水文情势变化特征

3.1.1 流域水文过程变化特征分析

雁栖湖流域面积 128.7km²，流域出口控制站点为柏崖厂站（控制流域面积 93.9km²）。根据雁栖河流域内雨量代表站八道河站 2001—2015 年的逐日降水量数据资料统计，近年来雁栖河流域多年平均年降雨量为 655mm，其中降雨量最多的年份为 2008 年，降雨量为 843.9mm；降雨量最少的年份为 2002 年，仅为 439.8mm，降雨量年际变化十分明显；从降雨量年内分布来看，年内无降雨天数基本均超过 280 天（最长达 317 天，2005 年），最大日降雨量为 154.8mm，出现时间为 2012 年 7 月 21 日。雁栖河流域降雨量年际变化过程和典型丰、枯水年降雨量年内变化过程分别如图 3.1-1 和图 3.1-2 所示。

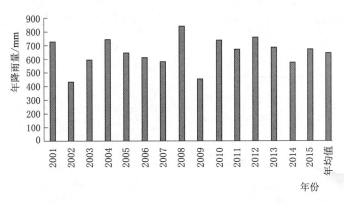

图 3.1-1 雁栖湖流域降雨量年际变化过程图

根据雁栖湖流域柏崖厂站逐日流量数据资料统计，近年来雁栖河流域多年平均流量为 0.232m³/s，年均径流量为 760 万 m³/s。受降雨径流影响，雁栖河流域场次暴雨径流过程持续时间为 3～5 天，年内日最大流量超过 100 m³/s；受流域内泉水出露

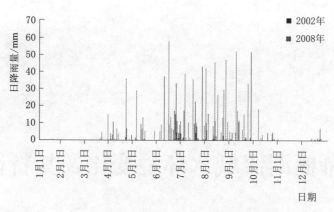

图 3.1-2 雁栖河流域典型丰、枯水年降雨量年内变化过程图

补给影响，雁栖河成为北京为数不多的几条常流水河流，日最小流量约为 0.035m³/s，最枯月平均流量约为 0.11 m³/s。

3.1.2 流域水文过程模拟

3.1.2.1 流域降雨径流过程模拟

1. 降雨径流过程分析

2000—2006 年雁栖河流域内八道河站年最大降雨量为 695mm（2004 年），平均降雨量为 468mm（2000—2006 年）；柏崖厂站最大降雨量为 678mm（2005 年），平均降雨量为 469mm。2005—2006 年，枣树林汛期最大时段降雨量为 40.5mm（2006 年），降雨历时为 0.5h；八道河站最大时段降雨量为 33.5mm（2005 年），降雨历时为 0.5h；怀柔站最大时段降雨量为 32.3mm（2007 年），降雨历时为 3.17h；北台上站最大时段降雨量为 31.5mm（2007 年），降雨历时为 1.17h。雁栖河流域降雨量统计见表 3.1-1。

表 3.1-1   雁栖河流域降雨量统计表

站点名称	年　　份	累积降雨		时段最大降雨	
		降雨量/mm	历时/h	降雨量/mm	历时/h
柏崖厂（全年）	2000	408	—	57	—
	2001	173	—	89	—
	2002	408	—	145	—
	2003	356	—	39	—
	2004	656	—	54	—
	2005	678	—	72	—
	2006	564	—	58	—
	2007(至 9 月 15 日 8:00)	510	—	96	—

站点名称	年　份	累积降雨		时段最大降雨	
		降雨量/mm	历时/h	降雨量/mm	历时/h
八道河 （全年）	2000	451		60	
	2001	202	—	64	—
	2002	369	—	37	—
	2003	401	—	41	—
	2004	695	—	35	—
	2005	564	—	76	—
	2006	594	—	49	—
	2007（至9月15日8:00）	467	—	20	—
八道河 （汛期）	2005	502.5	144.25	33.5	0.50
	2006	485.8	189.08	25	10.00
	2007（至8月26日15:00）	198.6	114.12	31	3.50
北台上 （汛期）	2005	482	132.63	24.8	1.00
	2006	430	171.75	24.5	7.00
	2007（至8月26日15:00）	271.4	88.83	31.5	1.17
怀柔 （汛期）	2005	372.1	167.30	21.7	1.37
	2006	280.2	156.35	25	1.17
	2007（至8月26日16:00）	201.3	92.80	32.3	3.17
枣树林 （汛期）	2005	479.4	123.25	31.3	0.67
	2006	670.3	219.17	40.5	0.50
	2007（至8月26日14:00）	330	77.17	26.7	1.17

　　从雁栖河流域出口控制站柏崖厂站年径流量统计分析表明（表 3.1-2），2000—2006 年柏崖厂站最大日流量为 101m³/s（2001 年 8 月 19 日），最小日流量为 0.008m³/s（2005 年 6 月 3 日），年平均流量 0.245m³/s，平均径流深度为 83.9mm，平均径流模数为 2.658×10^{-3} m³/(s·km²)。表 3.1-3 中对柏崖厂站 2000—2006 年月平均径流量、最大日径流量、最小日径流量进行了统计分析。

表 3.1-2　　　　　柏崖厂站年径流量统计表

年份	最大流量 /(m³/s)		最小流量 /(m³/s)		平均流量 /(m³/s)	径流深度 /mm	径流模数 /[×10⁻³m³/(s·km²)]
2000	35	8月12日	0.034	7月1日	0.229	78.7	2.49
2001	101	8月19日	0.043	4月13日	0.367	125.8	3.99
2002	3.82	8月3日	0.020	6月3日	0.112	38.4	1.22
2003	5.77	7月20日	0.014	7月17日	0.135	46.3	1.47
2004	8.25	7月10日	0.027	6月3日	0.305	104.8	3.32
2005	31	8月15日	0.008	6月3日	0.340	116.5	3.70
2006	2.56	8月10日	0.032	6月9日	0.224	76.8	2.44

表 3.1-3　　　　　　　柏崖厂站 2000—2006 年月径流量统计表

年	月	平均值 /(m³/s)	最大值		最小值		年	月	平均值 /(m³/s)	最大值		最小值	
			流量 /(m³/s)	出现 日期	流量 /(m³/s)	出现 日期				流量 /(m³/s)	出现 日期	流量 /(m³/s)	出现 日期
2000	1	0.178	0.360	31	0.140	2	2002	10	0.057	0.100	18	0.046	2
2000	2	0.292	0.360	1	0.203	22	2002	11	0.096	0.100	1	0.068	1
2000	3	0.161	0.203	1	0.125	28	2002	12	0.106	0.180	25	0.068	1
2000	4	0.101	0.125	1	0.095	30	2003	1	0.200	0.250	4	0.130	19
2000	5	0.089	0.310	14	0.051	4	2003	2	0.148	0.218	1	0.110	17
2000	6	0.056	0.097	1	0.051	4	2003	3	0.110	0.110	1	0.110	1
2000	7	0.108	0.376	4	0.034	1	2003	4	0.093	0.110	1	0.064	26
2000	8	1.064	35.00	12	0.072	1	2003	5	0.081	0.380	28	0.049	24
2000	9	0.185	0.320	21	0.130	13	2003	6	0.072	0.190	23	0.023	13
2000	10	0.168	0.261	22	0.130	12	2003	7	0.239	5.770	20	0.014	17
2000	11	0.171	0.210	1	0.166	4	2003	8	0.107	0.380	28	0.023	7
2000	12	0.162	0.166	1	0.160	11	2003	9	0.133	0.380	4	0.035	4
2001	1	0.160	0.160	1	0.160	1	2003	10	0.166	0.250	11	0.110	4
2001	2	0.156	0.160	1	0.123	26	2003	11	0.150	0.150	1	0.150	1
2001	3	0.111	0.123	1	0.090	20	2003	12	0.118	0.150	1	0.110	7
2001	4	0.061	0.090	1	0.043	13	2004	1	0.137	0.140	4	0.113	1
2001	5	0.049	0.090	11	0.043	11	2004	2	0.118	0.140	1	0.089	25
2001	6	0.291	8.990	29	0.043	1	2004	3	0.084	0.089	1	0.044	28
2001	7	0.354	2.270	25	0.090	13	2004	4	0.043	0.044	1	0.043	14
2001	8	2.350	101.0	19	0.160	11	2004	5	0.043	0.052	30	0.043	1
2001	9	0.265	0.520	1	0.160	21	2004	6	0.062	0.408	23	0.027	3
2001	10	0.215	0.300	4	0.160	1	2004	7	1.097	8.250	10	0.052	2
2001	11	0.172	0.200	1	0.123	16	2004	8	0.954	4.500	28	0.100	26
2001	12	0.183	0.245	17	0.160	1	2004	9	0.546	1.960	6	0.074	7
2002	1	0.180	0.180	1	0.180	1	2004	10	0.269	0.417	1	0.171	27
2002	2	0.156	0.180	1	0.130	11	2004	11	0.157	0.216	1	0.134	15
2002	3	0.099	0.130	1	0.046	17	2004	12	0.129	0.134	1	0.113	24
2002	4	0.082	0.130	9	0.046	4	2005	1	0.116	0.143	8	0.113	1
2002	5	0.077	0.130	11	0.030	30	2005	2	0.113	0.113	1	0.113	1
2002	6	0.075	0.310	26	0.020	3	2005	3	0.104	0.113	1	0.100	11
2002	7	0.129	0.310	2	0.020	17	2005	4	0.087	0.100	1	0.087	1
2002	8	0.206	3.820	3	0.046	3	2005	5	0.084	0.126	20	0.030	27
2002	9	0.083	0.100	1	0.046	21	2005	6	0.162	1.560	29	0.008	3

年	月	平均值/(m³/s)	最大值		最小值		年	月	平均值/(m³/s)	最大值		最小值	
			流量/(m³/s)	出现日期	流量/(m³/s)	出现日期				流量/(m³/s)	出现日期	流量/(m³/s)	出现日期
2005	7	0.331	1.650	23	0.017	8	2006	4	0.103	0.108	1	0.093	21
2005	8	2.213	31.000	15	0.107	4	2006	5	0.092	0.210	27	0.079	17
2005	9	0.310	0.778	3	0.085	2	2006	6	0.126	1.130	29	0.032	9
2005	10	0.192	0.260	1	0.161	15	2006	7	0.459	1.800	7	0.043	30
2005	11	0.176	0.186	2	0.136	29	2006	8	0.782	2.560	10	0.054	24
2005	12	0.151	0.161	2	0.136	1	2006	9	0.230	1.210	7	0.108	5
2006	1	0.143	0.157	3	0.124	13	2006	10	0.164	0.174	8	0.124	30
2006	2	0.143	0.157	12	0.140	1	2006	11	0.153	0.157	8	0.124	1
2006	3	0.125	0.140	1	0.108	23	2006	12	0.147	0.157	1	0.140	5

2. 降雨径流过程模拟

Mike11 降雨径流模型（NAM 模型）是一个集总式的确定性概念模型，对降雨产流和汇流进行模拟。它将土壤含水量分成积雪储水层（Snow Storage）、地表储水层（Surface Storage）以及浅层或根区储水层（Lower Zone Storage）和地下水储水层（Ground Water Storage）3 个部分，分别进行连续计算，以模拟流域中各种相应的水文过程。NAM 模型作为 Mike11 河流模型系统的一部分，可以独立应用，也可以模拟 1 个或者多个集水区为水力学河网添加区间入流。对于大的河流流域也可以在同一个模型结构中包含数个子流域和复杂的河网。

NAM 模型的主要参数包括：地表储水层最大含水量 U_{max}，根区储水层最大含水量 L_{max}，坡面流汇流系数 $CQOF$，壤中流汇流时间 $CKIF$，坡面流汇流时间 $CK_{1,2}$，坡面流产流临界值 TOF，壤中流产流临界值 TIF，根区地下水补给临界值 TG 和基流汇流时间 $CKBF$。模型的初始条件包括开始时刻流域地表储水层和根区储水层的土壤相对含水量，以及坡面流、壤中流和基流的初始值。

模型的输入包括降雨、蒸发和气温（仅在考虑融雪时需用）。作为集总式模型，NAM 模型把每一个子流域作为一个模拟单元，单元内的参数和变量采用单元内的平均值。因此气象资料的给定也是单元内的平均值，以各雨量站的不同面积权重系数进行计算。河道站流量资料用于模型率定，不作为输入条件给入模型。由于 NAM 模型是一个概念性的集总式模型，所有模型参数都有一定的物理概念，但是无法通过实测获得，因此模型参数必须通过流量资料进行率定。

流域径流产生和降雨是相对应的过程，一次较显著的降雨，河流中的水位就有起伏变化，也就是有一个相应的流量过程。NAM 模型通过给定降雨来模拟流域产流，模型的模拟结果除了可以得到地表径流，还可得到坡面径流、壤中流和基流模拟结果等。模型模拟范围如图 3.1－3 所示，流域面积为 99.93km²，模拟时间为 2000—2006 年，输入条件为柏崖厂和八道河的降雨量（图 3.1－4 和图 3.1－5）和蒸发量，

3.1 雁栖湖流域水文情势变化特征

51

柏崖厂站流量资料（图 3.1-6）对模型参数进行率定。根据雁栖河流域特征、资料情况和实际需求，降雨径流模型的时间步长设定为 24h。

图 3.1-3　雁栖河流域图

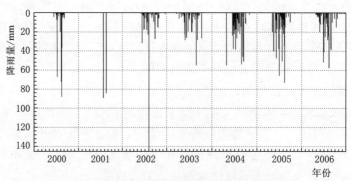

图 3.1-4　柏崖厂观测降雨量过程线

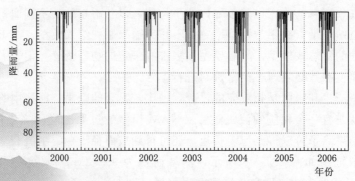

图 3.1-5　八道河观测降雨量过程线

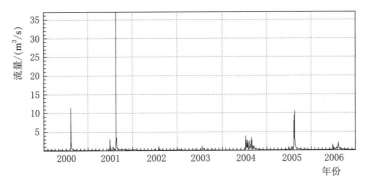

图 3.1-6 柏崖厂观测流量过程线

图 3.1-7 和图 3.1-8 是雁栖河流域出口控制站位——柏崖厂站模拟和实测流量过程对比图，图中实线为模拟值，虚线为实测值，从降雨径流模拟结果可以看出，模型参数得到了较好的率定，模型模拟精度为 0.642（纳西效率系数），见表 3.1-4。

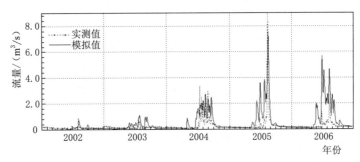

图 3.1-7 柏崖厂模拟流量过程线（实线）和实测流量过程线（虚线）对比图

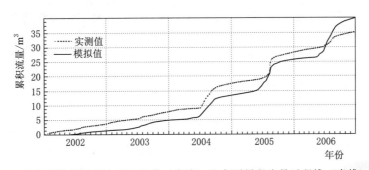

图 3.1-8 柏崖厂模拟累积流量过程线（实线）和实测累积流量过程线（虚线）对比图

表 3.1-4　　　　　　　雁栖河流域降雨径流模拟误差统计表

模 拟 时 段	累积观测流量/m³	累积模拟流量/m³	相对误差/%
2002 年 1 月 1 日至 2003 年 1 月 1 日	35.4	12.3	65.2
2003 年 1 月 1 日至 2004 年 1 月 1 日	42.5	33.2	21.8
2004 年 1 月 1 日至 2005 年 1 月 1 日	96.6	96.6	22.4

模 拟 时 段	累积观测流量/m³	累积模拟流量/m³	相对误差/%
2005年1月1日至2006年1月1日	107.4	106.8	0.5
2006年1月1日至2006年12月31日	70.5	125.0	77.3
2002年1月1日至2006年12月31日	352.3	352.3	0.0
$R^2 = 0.413, R = 0.642$			

3.1.2.2 暴雨过程模拟分析

1. 水动力学模型

洪水模拟数学模型的主控方程由描述水流运动的水流连续性方程式（3.1-1）和水流沿 X 方向的动量方程式（3.1-2）及沿 Y 方向的动量方程式（3.1-3）所组成。

$$\frac{\partial z}{\partial t} + \frac{\partial (uh)}{\partial x} + \frac{\partial (vh)}{\partial y} = 0 \tag{3.1-1}$$

$$\frac{\partial u}{\partial t} + u\frac{\partial u}{\partial x} + v\frac{\partial u}{\partial y} + g\frac{\partial z}{\partial x} + g\frac{n^2 u\sqrt{u^2+v^2}}{h^{4/3}} - k\sqrt{u^2+v^2}\frac{\partial u}{\partial x} = 0 \tag{3.1-2}$$

$$\frac{\partial v}{\partial t} + u\frac{\partial v}{\partial x} + v\frac{\partial v}{\partial y} + g\frac{\partial z}{\partial y} + g\frac{n^2 v\sqrt{u^2+v^2}}{h^{4/3}} - k\sqrt{u^2+v^2}\frac{\partial v}{\partial y} = 0 \tag{3.1-3}$$

式中：t 为时间，s；x，y 为直角坐标系的横、纵坐标，m；u、v 分别为 x、y 方向的流速分量，m/s；z、h 分别为（x，y）处的水位与水深，m；$g\dfrac{n^2 u\sqrt{u^2+v^2}}{h^{4/3}}$、$g\dfrac{n^2 v\sqrt{u^2+v^2}}{h^{4/3}}$ 分别为 x、y 方向的水流运动阻力，其中 n 为曼宁糙率系数；$k\sqrt{u^2+v^2}\dfrac{\partial u}{\partial x}$、$k\sqrt{u^2+v^2}\dfrac{\partial v}{\partial y}$ 分别为 x、y 方向的水流运动局部阻力，当来水流速超过计算单元本地流速时 k 值为正，否则为零，模型中取为 0.4。

主控方程中动量方程的离散采用陆吉康专为洪水研制的新一代具有高分辨率及高稳定性能的特征离散格式，舍略了对流项。如图 3.1-9 所示：设单元计算格为 C，其相邻计算格分别为 E、S、W、N、SE、SW、NW、NE。上一时刻各单元的流速分别为 V_E^n、V_S^n、V_W^n、V_N^n、V_{SE}^n、V_{SW}^n、V_{NW}^n、V_{NE}^n。在单元 C 边界上，下一时刻的流速 $V_{E,b}^{n+1}$、$V_{S,b}^{n+1}$、$V_{W,b}^{n+1}$、$V_{N,b}^{n+1}$ 可由式（3.1-4）表达：

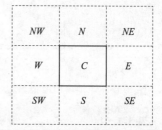

图 3.1-9　方程在单元上的离散

$$V_{i,b}^{n+1} = \lambda^+ \cdot \left\{ \frac{V_C^n + V_i^n}{2} + \left[sign(C,i) \cdot g \frac{Z_i^n - Z_C^n}{\Delta D} \right.\right.$$

$$+ k \frac{\sqrt{(V_C^n + V_{i,A}^n)_x^2 + (V_C^n + V_{i,A}^n)_y^2}}{4} \cdot \frac{V_{i,A}^n - V_C^n}{\Delta D}$$

$$\left.\left. + V_{i,b}^{n+1} \sqrt{(V_{i,b,x}^{n+1})^2 + (V_{i,b,y}^{n+1})^2} \left(g \cdot \frac{n^2}{\left(\frac{h_i + h_i}{2}\right)^{4/3}} \right) \right] \Delta t \right\}$$

$$+ \lambda^- \cdot \left\{ \frac{V_C^n + V_j^n}{2} + \left[sign(C,j) \cdot g \frac{Z_j^n - Z_C^n}{\Delta D} \right.\right.$$

$$+ k \frac{\sqrt{(V_C^n + V_{j,A}^n)_x^2 + (V_C^n + V_{j,A}^n)_y^2}}{4} \cdot \frac{V_{j,A}^n - V_C^n}{\Delta D}$$

$$\left.\left. + V_{j,b}^{n+1} \sqrt{(V_{j,b,x}^{n+1})^2 + (V_{j,b,y}^{n+1})^2} \left(g \cdot \frac{n^2}{\left(\frac{h_j + h_c}{2}\right)^{4/3}} \right) \right] \Delta t \right\} \quad (3.1-4)$$

式中：$i, j = E, S, W, N$；$\Delta D \begin{cases} = \Delta X, & if \ i = E, W \\ = \Delta Y, & if \ i = S, N \end{cases}$；$sign(C, i)$，$sign(C, j)$

为符号函数，由 i, j 及相应于 C 的位置决定正负，i, j 分别位于单元 C 的两侧。

主控方程中连续性方程的离散采用时间上为二层的中心差分格式：

$$Z_C^{n+1} = Z_C^n + \left[\frac{(V_{W,b}^n + V_{W,b}^{n+1})(h_W^n + h_W^{n+1}) - (V_{E,b}^n + V_{E,b}^{n+1})(h_E^n + h_E^{n+1})}{2\Delta x} \right.$$

$$\left. + \frac{(V_{N,b}^n + V_{N,b}^{n+1})(h_N^n + h_N^{n+1}) - (V_{S,b}^n + V_{S,b}^{n+1})(h_S^n + h_S^{n+1})}{2\Delta y} \right] \Delta t \quad (3.1-5)$$

洪水漫过道路，流经涵洞的数值模拟采用宽顶堰堰流公式：

$$Q = m_1 m_2 B_0 \sqrt{2g} H^{1.5} \quad (3.1-6)$$

式中：m_1 为流量系数；m_2 为淹没系数。

2. 水文过程在模型中的简化与实现

降雨在流域中产生径流的现象，是径流形成过程的重要组成部分。降雨首先被植被冠盖截留，其余部分到达地面，其中部分下渗到土壤中，部分在地面洼蓄乃至形成坡面流。截留部分与地面部分的水会蒸发到大气中，土壤中的水一部分随植物蒸腾消耗掉，一部分下渗到深层形成地下水；另一部分形成壤中流，是河道基流的主要来源。降雨产流，一般分霍顿产流和超渗产流两种模式，而且受气候和流域下垫面因素影响，十分复杂。对于局地暴雨的产流而言，雨强超过土壤的下渗能力，降雨历时短、冠盖截流、蒸散发、土壤下渗量在湿润区、半湿润区相对于产流量来说，尤其是前期有降雨的情况下，是一个相对小量，产流量占降雨量的主要部分。因此，水文过程可以简化，水力学模型中，解决方案概述为：降雨资料整理→降雨区域划分→分区确定水文参数（蒸发能力、径流系数等）→用类似地区水文资料率定参数→实际应用。本章在水动力学模型中引入下述的蓄满产流模型法，实际相当于在式（3.1-1）等号右边引入一项 q，q 定义为

$$q=(P-E)-(W'_m-W')$$

式中：P、E 为对应点的降雨量和雨期的蒸散发量，mm；W'_m 为对应点的蓄水容量，mm；W' 为对应点降雨开始时的实际蓄水容量，mm。

将降雨直接作为水动力学模型的输入，是水动力学模型走向流域模型，与水文方法融合模拟局地暴雨的必然要求。对于动力学模型，新的挑战与困难在于：

（1）小水深有效模拟问题：在水动力学数值模拟中，模型计算的时间步长 Δt 受制约于 $\Delta t\leqslant\dfrac{\Delta x}{\sqrt{gh_{max}+V_{max}^2}}$，通常在 1min 以内。而在一个时间步长内由暴雨产生的净雨量，往往不足 0.001mm，这么小的量，有可能湮没在数值计算的误差范围中，使流量失衡，从而不能准确模拟。本书的解决办法是将暴雨产生的净雨量按时间累积，在达到一定累积量（比如 0.1mm）后，放在流量平衡方程中按阈值加入 q，剩余净雨量再重新按时间累积。模型试验中将阈值从 0.1~1 逐渐改变，发现本方法虽然对流量的守恒性会产生阶跃干扰，但不同阈值对出口流量的影响甚微。为此证实了本方法的可行性。

（2）高底坡坡降问题：由于通常情况下所模拟的地区地形复杂，地势起伏较大。在进行数值模型计算域概化时，相邻计算网格单元的高程差可能会高达数十米，如何合理处理这种高底坡坡降，并取得合理的模拟结果，是水动力学模型扩展应用到次暴雨洪水模拟必须解决的问题。本书采用的具有高分辨率及高稳定性能的特征离散格式，有效地解决了这一问题。

3. 模拟区域空间信息提取

本书以雁栖河流域柏崖厂站上游地区 1:10000 数字地形图上等高线和高程点数据作为背景地形，采用 ArcGIS 内插生成 DEM，网格大小为 40m×40m。而后首先将 DEM 凹陷区域及平坦区域进行处理，生成无凹陷点的栅格 DEM，然后按 D8 算法计算有效水流方向分布图，按给定的最小水道给养面积阈值确定河流水系，采用由 Pfafstetter 提出的河网分级编码方法对流域分区编码。通过对 DEM 数据进行填凹、计算汇水面积、勾画流域分水线、生成河网等处理，自动提取出雁栖河流域河网，并进行流域河网分级与子流域划分。

本书提取的柏崖厂站以上雁栖河流域面积为 93.9km²，是从西北到东南走向的狭长山区流域，纵向长约 14km，横向宽为 3~7km。流域内西北部为海拔 500~1200m 的山区，东南部为 80~500m 的河谷平地。为研究洪水在河道的传播过程，本研究分别在长园河、神堂峪沟及两个沟道汇合口雁栖河干流，分别设置了 2 个、4 个、1 个模拟的控制点（Site 1~Site 7），其中，Site 1 位于两个沟道汇合口下游的柏崖厂站，Site 2 位于长园河长元村下游，Site 3 位于长园河莲花池村下游，Site 4 位于神堂峪官地村下游，Site 5 位于神堂峪石片村上游，Site 6 位于八道河与神堂峪交汇

下游，Site 7 位于神堂峪上游西栅子村。

4. 模型初始边界条件

水动力学模型计算网格直接采用 DEM 的正方形网格，网格边长为 40m。全流域共有网格数为 58731 个，模拟区域内相邻网格最大高程差达 75m，糙率采用曼宁系数表达。

雁栖河流域及其附近雨量站有八道河、枣树林及北台上 3 个站点，其中八道河、北台上为流域内站点，八道河、枣树林位于流域西北部山区，北台上位于流域东南部山前平地。3 个站点有 2005—2007 年的时段降雨观测资料。为与柏崖厂的流量观测资料匹配，本书选取 2005 年 8 月 15 日流域的一次实际降雨过程进行研究。八道河、枣树林及北台上 3 站的实际降雨过程如图 3.1-10 所示。本书根据八道河、枣树林及北台上 3 个雨量站点位置，将雁栖河流域划分为 3 个雨区，八道河所在区域为雨区1，枣树林所在区域为雨区 2，北台上所在区域为雨区 3（图 3.1-11）。

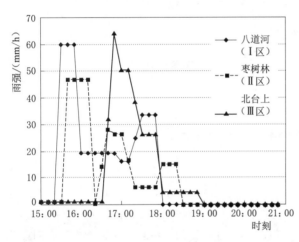

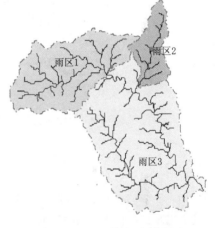

图 3.1-10　雁栖河流域"8·15"降雨过程（最大 1h 各雨区的降雨强度量分别是：Ⅰ区为 60.0mm/h，Ⅱ区为 47.0mm/h，Ⅲ区为 64.0mm/h；降雨历时分别是：Ⅰ区为 3.0h，Ⅱ区为 3.0h，Ⅲ区为 2.5h；总降雨量分别是：Ⅰ区为 75.6mm，Ⅱ区为 61.6mm，Ⅲ区为 57mm）

图 3.1-11　雁栖河流域降雨分区示意图

模型在出口边界两个单元给定一组假设的水位—流量关系。整个计算时间以 min 计，计算开始时间取为降雨开始时间。降雨过程采用 10min 的间隔数据，单位为 mm/h。本次模拟共计算 12h，计算区域的径流系数按不同雨区、不同地形确定。

5. 雁栖河流域暴雨过程模拟结果

基于 2005 年 8 月 15 日实际的暴雨过程，模拟了雁栖河流域各控制点暴雨洪水流量及水深过程（图 3.1-12）。雁栖河流域出口处的最大流量为 30.8m³/s，流域内低洼地最大水深接近 1.5m，淹没历时 1~3h，主要淹没范围集中在河道两旁 50~200m。

洪峰的传播沿河道呈现一种坦化的趋势，雁栖河上的 Site 5 处的最大流量大于其

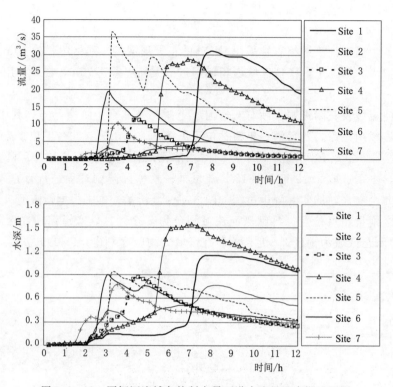

图 3.1-12　雁栖河流域各控制点暴雨洪水流量及水深过程图

上游的 Site 6、Site 7，也大于其下游的 Site 4、Site 1；洪峰历时从上游到下游是愈来愈长。对于雁栖河，洪峰出现的时间分别是 18:30（第 3.5h，Site 7）、18:00（第 3.0h，Site 6）、18:15（第 3.25h，Site 5）、21:45（第 6.75h，Site 4）；对于长园河，洪峰出现的时间分别是 19:15（第 4.25h，Site 3）、23:00（第 8.0h，Site 2）；对于出口控制站，洪峰出现的时间是 22:45（第 7.75h，Site 3）。流域出口处的最大流量是 30.8m³/s，与柏崖厂水文站观测的最大流量 31.0m³/s 比较接近。但由于缺乏实际的过程观测数据，本研究无法作进一步比较。

由于缺乏进一步的验证资料，且流域的河道地形、地貌、植被、土壤等资料亦未获取，本次模拟也未对河道进行专门处理，故模拟结果与实际应该会有出入。本研究所模拟的结果只是提供一个雁栖河流域次暴雨洪水过程的总体认识。但是，本研究构建的基于 DEM 的快速暴雨洪水分析平台与系统，可以为更进一步深入研究该问题提供技术支持。

3.1.3　人类活动对水文过程的干扰

雁栖河流域水文过程受人类活动影响剧烈，主要体现在以下 2 个方面：①渔场养殖等人工取水活动，造成取水口至排水口之间河段出现减水现象；②拦水堰修建改变了壅水河段的水动力条件，降低了壅水河道的水流流速，增加了壅水河段的水力停留时间。

3.1.3.1 规模化渔场养殖取水影响

雁栖河流域共有 6 个规模较大的渔场，其中交界河渔场和长元村 3 号渔场（位于长元村上游的河右岸）规模较大，约为 100 万尾；长园 001 号渔场和花苑湖渔场（位于花苑湖度假村内）规模其次，约为 50 万尾；莲花池渔场和长元村 2 号渔场（位于长元村村头的河左岸）规模较小，约为 10 万尾。在这 6 个渔场中，交界河渔场通过拦截河道而成，利用了整个交界河的流量；而其余几个渔场均通过从河道（或河流源头）引水，引入渔场的水量在鱼塘内滞留一定的时间后再通过渔场出口排入河道。渔场引水基本不改变所在河道的流量大小，但改变了渔场所在河道的空间水文过程。如受长元村 2 号及 3 号渔场取水影响，渔场取水口下游河道已无明显水流（图 3.1-13 所示位置在长元村村头河段），而当渔场取水再次回归到河道后，河道流量明显增大很多（图 3.1-14）。由此可见，渔场取水对河道水文过程的空间分布影响很大。

图 3.1-13　渔场取水口下游河道无明显水流（位置：长元村上游村头）

图 3.1-14　渔场取水回归河道后河道水流明显（位置：长元村下游）

长园河、神堂峪两条沟，除 6 处大型渔场取水外，各餐饮企业建立的小型鱼塘也分别从河道取水，以满足各种形式的餐饮、垂钓需要，只不过这类鱼塘规模较小，所需水量也较小，同时各餐饮企业相对较为分散，故为满足餐饮企业自身需要所建的鱼塘取水对所在河道的水文过程影响很小。

3.1.3.2 拦水堰工程影响

1. 拦水堰的类型及其作用

为满足各类企业的用水需求，雁栖河流域内已建立了各式各样的拦水堰，归纳起来主要有以下几种：①溢流堰；②弧形闸门堰；③窄缝堰；④涵洞。

溢流堰（图 3.1-15），其主要功能是抬高堰上游附近河道内水位，并形成

图 3.1-15　溢流堰

一定水深和一定水面面积的河道型池塘，以供取水和娱乐用水需求；弧形闸门堰（图 3.1-16），其主要功能是根据人类活动需要，可在溢流堰顶设立弧形闸门以进一步抬高上游河道内水位，同时可根据防洪要求随时拆除以免影响河道行洪安全；窄缝堰（图 3.1-17），其功能是可灵活调整窄堰出口水位，以满足不同的人类活动需求，并尽可能满足河道行洪要求；涵洞，其主要功能是在满足上游水位需求的同时，并满足人畜或车辆及其他交通工具通行需要，而且不妨碍河道行洪安全。

图 3.1-16　弧形闸门堰　　　　　　　　图 3.1-17　窄缝堰

2. 拦水堰对河流水文过程影响

拦水堰对河道水文过程的干扰主要体现在改变了壅水河段的水动力条件，即降低壅水河道内的水流流速，增加壅水河段内水体的水力停留时间，但不同的拦水堰类型对河道水文过程的干扰程度存在一定的差异。

3. 拦水堰影响的典型案例研究

基于长元村附近河道地形条件，采用美国通用模型 RMA2 模型模拟分析拦水堰河道内的水动力条件。由于拦水堰引起的壅水河段为 20～30m，河道内地形相对较为平坦，所以拦水堰壅水河段地形条件概化如图 3.1-18 所示。

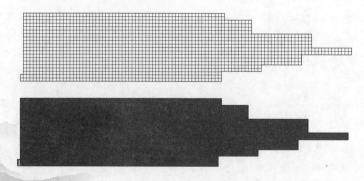

图 3.1-18　拦水堰壅水河段地形条件概化图

RMA2 是美国陆军工程兵团河道实验站开发的平面二维水动力学模型，主要用于模拟湖泊、河道及河口的水动力过程，其基本方程为

$$h\frac{\partial u}{\partial t}+hu\frac{\partial u}{\partial x}+hv\frac{\partial u}{\partial y}-\frac{h}{\rho}\left[E_{xx}\frac{\partial^2 u}{\partial x^2}+E_{xy}\frac{\partial^2 u}{\partial y^2}\right]$$

$$+gh\left[\frac{\partial a}{\partial x}+\frac{\partial h}{\partial x}\right]+\frac{gun^2}{h^{\frac{1}{3}}}(u^2+v^2)^{\frac{1}{2}}-\zeta V_a^2\cos\phi-2hv\omega\sin\Phi=0$$

$$h\frac{\partial v}{\partial t}+hu\frac{\partial v}{\partial x}+hv\frac{\partial v}{\partial y}-\frac{h}{\rho}\left[E_{yx}\frac{\partial^2 v}{\partial x^2}+E_{yy}\frac{\partial^2 v}{\partial y^2}\right]$$

$$+gh\left[\frac{\partial a}{\partial y}+\frac{\partial h}{\partial y}\right]+\frac{gvn^2}{h^{\frac{1}{3}}}(u^2+v^2)^{\frac{1}{2}}-\zeta V_a^2\sin\phi+2hu\omega\sin\Phi=0$$

$$\frac{\partial h}{\partial t}+h\left(\frac{\partial u}{\partial x}+\frac{\partial v}{\partial y}\right)+u\frac{\partial h}{\partial x}+v\frac{\partial h}{\partial y}=0$$

$$(3.1-7)$$

式中：h 为水深，m；u 和 v 为 x 向和 y 向流速，m/s；x、y 和 t 为坐标和时间，m，s；ρ 为流体密度，kg/m^3；E 为涡动黏滞系数；g 为重力加速度；a 为底高程，m；n 为曼宁糙率系数；ζ 为风应力系数；V_a 为风速，m/s；ϕ 为风向；ω 为地球自转角速度；Φ 为纬度。

水动力模拟假定的上游来流边界条件流量为 $0.1m^3/s$，下边界条件为水位，流场模拟时为顺风（西北风，风速 3m/s），有堰时堰内平均流流速为 0.022m/s。拦水堰河道内上流场图如图 3.1－19 所示。

图 3.1－19　拦水堰河道内上流场图

由图 3.1－19 所示结果可知，拦水堰内河道水流条件主要受上游来水流量和拦水堰排水口位置影响与控制，河道内水体均顺河岸走向而顺势流动，流速空间分布差异不明显，同时受风场影响较小。

3.2　雁栖湖流域水环境质量调查与评价

3.2.1　水环境质量现状调查方案

雁栖湖流域地处北京市怀柔区雁栖镇，属典型的山区型小流域，流域总面积 $128.7km^2$。该流域除柏崖厂水文站（图 3.2－1）外，其余的基础资料都很匮乏，属典型的资料匮乏性山区小流域。因此，根据研究需求，在雁栖湖流域污染源调查的基础上，结合雁栖湖及其上游入湖河流的沿程水质变化特征，制定了雁栖湖及入湖河流水环境质量现状调查与监测工作方案，并以此为技术指导开展雁栖湖流域水环境质量现状调查与水质监测，以便为雁栖湖流域水环境质量现状评价提供科学的基础资料。

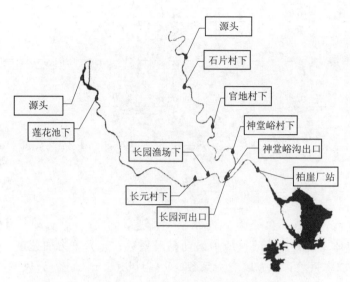

图 3.2-1　雁栖湖流域上游水质监测断面空间分布图

3.2.1.1　断面、支流采样断面布设原则

雁栖湖流域水环境质量现状调查断面及监测点位，依据以下原则设置：

（1）湖泊、水库、河口的主要入口和出口。

（2）水文特征突然变化处（如支流汇入处等）、水质急剧变化处（如污水排入处等）、重点水工构筑物（如取水口、桥梁涵洞等）附近。

（3）尽量与流域内常规水文、水质监测断面（站点）相结合。

（4）在湖库中心，深、浅水区，滞留区，不同鱼类的洄游产卵区，水生生物经济区等。

（5）充分考虑本河段排污口数量、位置分布及特征污染物的排放状况，河流水文及河道地形特征，支流汇入情况，植被与水土流失情况，其他影响水质及其均匀程度的因素等。

（6）力求以较少的监测断面与测点获取最具代表性的样品，以便较为全面、真实、客观地反映该区域水环境质量状况及污染物的时空分布特征。

（7）避开死水及回水区，选择河段顺直、河岸稳定、水流平缓且交通方便处。

3.2.1.2　雁栖湖及入湖河流水质监测断面布设

通过部门协调，收集自 2007—2011 年雁栖湖流域上游水质历史资料，并通过查阅文献资料、实地考察和问询等方式，在长园河及雁栖河主河道选择了具有代表性的 11 个水质监测站点进行现状水质监测，具体监测断面布设情况见表 3.2-1 和图 3.2-1。

在雁栖湖区，结合雁栖湖的湖泊形态特征和水流结构特点，共设置 4 个水质采样监测点（表 3.2-2）。在雁栖湖西湖区设置 1 个采样点，为 1 号点；在雁栖湖东湖区设置 3 个采样点，为 2 号、3 号和 4 号点，其中 2 号点为常规水质监测站点，3 号点位于雁栖半岛——观光大桥中心点位置；4 号点为雁栖半岛北侧入湖口处。

所属流域	监测点位置	编号	类型	东经/(°)	北纬/(°)	采样位置	采样时间
雁栖河	源头	1	地表水	116.631544	40.453906	山泉水	2016 年 6 月 5 日
	石片村下	2	地表水	116.630511	40.444648	桥上	2016 年 6 月 5 日
	官地村下	3	地表水	116.641861	40.432358	溪流	2016 年 6 月 5 日
	神堂峪村下	4	地表水	116.650202	40.424528	溪流	2016 年 6 月 5 日
	神堂峪沟出口	5	地表水	116.642300	40.411900	溪流	2016 年 6 月 21 日
	柏崖厂水文站	6	地表水	116.652400	40.414500	溪流	2016 年 6 月 21 日
长园河	源头	7	地表水	116.587229	40.44816	山泉水	2016 年 6 月 5 日
	莲花池下	8	地表水	116.593202	40.441973	溪流	2016 年 6 月 5 日
	长元村下	9	地表水	116.634129	40.416504	溪流	2016 年 6 月 5 日
	长园渔场下	10	地表水	116.639495	40.417783	溪流	2016 年 6 月 5 日
	长园河出口	11	地表水	116.638800	40.409600	溪流	2016 年 6 月 21 日

表 3.2－2　　　　　　　　　　雁栖湖水质监测点的设置

编号	东经/(°)	北纬/(°)	监 测 点
1	116.6604	40.3831	西湖区南部
2	116.6764	40.3893	东湖区南部
3	116.6756	40.4014	雁栖岛观光大桥
4	116.6640	40.4030	河流入湖口
5	116.6579	40.4099	河流桥头
6	116.6524	40.4145	柏崖厂站
7	116.6423	40.4119	神堂峪沟出口
8	116.6388	40.4096	长园河出口

　　针对雁栖河入湖水量与水质及河道沿程水质变化监测，共布设了 4 个监测站点（表 3.2－2），其中 5 号点位于雁栖河入湖口桥头处，6 号点位于柏崖厂站，7 号点位于神堂峪沟出口（汇入雁栖河口处），8 号点位于长园河出口（汇入雁栖河口处），采集的水样均为混合样品。

3.2.1.3　水质监测指标与采样频率

1. 雁栖湖水质监测指标与采样频率

2015 年 11 月至 2016 年 4 月，该时期为非旅游季节，每月采样一次。

2016 年 5—10 月，该时期为旅游季节，每旬采样一次。

2016 年 6—8 月，针对场次暴雨过程进行全过程监测，每 1～2h 采样一次。

为较为全面和系统地分析雁栖湖水质状况，以便确定其主要污染因子，水质监测指标选取：水温、pH、BOD_5、COD_{Mn}、TP、TN、$NH_3—N$、SD 及 Chl－a。

2. 雁栖河水质监测指标与采样频率

雁栖河水质监测在系统掌握入湖河流水质年内变化特征的基础上，核算雁栖河入湖污染负荷总量，并为入湖污染物总量控制与方案削减提供依据。因此，雁栖河水质监测指标主要包括 COD_{Mn}、TN、TP、NH_3—N。

监测频次：在系统监测雁栖河入湖水质（1次/月）的基础上，在年内开展 3～4 次的沿程水质监测。

3.2.2 雁栖湖流域水环境质量现状评价

3.2.2.1 雁栖湖水环境质量总体评价

按照《北京市地表水功能区划方案》关于雁栖河（含雁栖湖）的水体功能定位为一般鱼类保护区及游泳区，其水质目标为地表水Ⅲ类，故雁栖湖及其入湖河流水质均应满足《地表水环境质量标准》（GB 3838—2002）中的Ⅲ类水质标准，其标准值见表 3.2-3。

表 3.2-3　　　　国家地表水环境质量标准部分指标的评价标准限值

水质类别	TP*/(mg/L)	TN/(mg/L)	COD_{Mn}/(mg/L)	NH_3—N/(mg/L)
Ⅰ	0.02(0.01)	0.2	2	0.15
Ⅱ	0.1(0.025)	0.5	4	0.5
Ⅲ	0.2(0.05)	1.0	6	1
Ⅳ	0.3(0.10)	1.5	10	1.5
Ⅴ	0.4(0.20)	2.0	15	2

* 表示 TP 指标括号内标准值适用于湖库类水体。

雁栖湖水质评价标准适用于湖库类型水体的水质评价标准限值，拟采用单因子评价法对雁栖湖东湖和西湖水质监测结果进行评价，其水质现状评价结果分别见表 3.2-4 和表 3.2-5。

表 3.2-4　　　　　　　　雁栖湖水质现状评价结果（东湖）

监测时间	TP	pH	BOD_5	NH_3—N	COD_{Mn}	综合水质类别
2015 年 10 月	0.02	8.04	2.9	0.06		Ⅱ类
	Ⅱ类	Ⅰ类	Ⅱ类	Ⅰ类		
2015 年 11 月	0.03	7.75	6.0	0.03		Ⅳ类
	Ⅲ类	Ⅰ类	Ⅳ类	Ⅰ类		
2015 年 12 月	0.05	8.21	1.0	0.03		Ⅲ类
	Ⅲ类	Ⅰ类	Ⅰ类	Ⅰ类		
2016 年 3 月	0.03	8.19	2.0	0.09	2.72	Ⅲ类
	Ⅲ类	Ⅰ类	Ⅰ类	Ⅰ类	Ⅱ类	
2016 年 4 月	0.055	8.22	1.0	0.08	6.45	Ⅳ类
	Ⅳ类	Ⅰ类	Ⅰ类	Ⅰ类	Ⅳ类	
2016 年 5 月	0.03	8.65	5.0	0.09	4.05	Ⅳ类
	Ⅲ类	Ⅰ类	Ⅳ类	Ⅰ类	Ⅲ类	

监测时间	TP	pH	BOD$_5$	NH$_3$—N	COD$_{Mn}$	综合水质类别
2016 年 6 月	0.02	8.74	5.0	0.34	3.97	IV 类
	II 类	I 类	IV 类	II 类	II 类	
2016 年 7 月	0.024	8.26	3.0	0.02	3.09	II 类
	II 类	I 类	I 类	I 类	II 类	
2016 年 8 月	0.018	8.38	2.0	0.01	2.53	II 类
	II 类	I 类	I 类	I 类	II 类	
2016 年 9 月	0.016	7.91	7.2	0.006	3.52	V 类
	II 类	I 类	V 类	I 类	II 类	
年均评价	0.029	8.24	3.5	0.08	2.63	III 类
	III 类	I 类	III 类	I 类	II 类	

注 表中 TP、BOD$_5$、NH$_3$—N 和 COD$_{Mn}$单位为 mg/L。

表 3.2－5　　　　　　　　　雁栖湖水质现状评价结果（西湖）

监测时间	TP	pH	BOD$_5$	NH$_3$—N	COD$_{Mn}$	综合水质类别
2015 年 10 月	0.03	7.99	0.5	0.14		III 类
	III 类	I 类	I 类	I 类		
2015 年 11 月	0.04	7.81	3.0	0.02		III 类
	III 类	I 类	I 类	I 类		
2015 年 12 月	0.05	8.06	2.0	0.03		III 类
	III 类	I 类	I 类	I 类		
2016 年 3 月	0.111	8.1	2.0	0.17	2.84	V 类
	V 类	I 类	I 类	II 类	II 类	
2016 年 4 月	0.114	8.14	2.0	0.06	3.35	V 类
	V 类	I 类	I 类	I 类	II 类	
2016 年 5 月	0.033	8.76	4.0	0.11	4.63	III 类
	III 类	I 类	III 类	I 类	III 类	
2016 年 6 月	0.03	8.52	5.0	0.11	3.6	III 类
	III 类	I 类	IV 类	I 类	II 类	
2016 年 7 月	0.022	8.1	2.0	0.03	3.13	II 类
	II 类	I 类	I 类	I 类	II 类	
2016 年 8 月	0.016	8.41	1.0	0.01	3.4	II 类
	II 类	I 类	I 类	I 类	II 类	
2016 年 9 月	0.017	8.35	8.1	0.009	3.77	III 类
	II 类	I 类	V 类	I 类	II 类	
年均评价	0.046	8.22	3.0	0.07	2.47	III 类
	III 类	I 类	II 类	I 类	II 类	

注 表中 TP、BOD$_5$、NH$_3$—N 和 COD$_{Mn}$单位为 mg/L。

根据表 3.2-4 和表 3.2-5 的水质评价结果可知，雁栖湖西湖年内大部分月份及总体水质均满足湖泊Ⅲ类水质目标要求，雁栖湖东湖总体水质类别为Ⅲ类，主要超标指标为 TP，指标在年内存在个别月份超标现象，最大超标倍数约为 1.2 倍。如果 TN 指标参评，东湖各监测点 TN 指标均存在超标情况，湖区 TN 最高超标倍数为 1.24 倍。

3.2.2.2 雁栖湖富营养化评价

采用综合营养状态指数法对雁栖湖富营养化状况进行评价。综合营养状态指数计算公式为

$$TLI(\Sigma) = \sum_{j=1}^{m} W_j \times TLI(j)$$

式中：$TLI(\Sigma)$ 为综合营养状态指数；W_j 为第 j 种参数的营养状态指数的相关权重；$TLI(j)$ 为代表第 j 种参数的营养状态指数。

以 Chl-a 作为基准参数，则第 j 种参数的归一化的相关权重计算公式为

$$W_j = \frac{r_{ij}^2}{\sum_{j=i}^{m} r_{ij}^2}$$

式中：r_{ij}^2 为第 j 种参数与基准参数 Chl-a 的相关系数；m 为评价参数的个数。

湖泊（水库）Chl-a 与其他参数之间的相关关系见表 3.2-6。

表 3.2-6　　　　湖泊（水库）Chl-a 与其他参数之间的相关关系

参　　数	Chl-a	TP	TN	SD	COD$_{Mn}$
r_{ij}	1	0.84	0.82	-0.83	0.83
r_{ij}^2	1	0.7056	0.6724	0.6889	0.6889
W_j 权重	0.26626	0.18787	0.17903	0.18342	0.18342

营养状态指数计算公式：

$$TLI(Chl-a) = 10 \times [2.5 + 1.086 \times \ln(Chl-a)]$$
$$TLI(TP) = 10 \times [9.436 + 1.624 \times \ln(TP)]$$
$$TLI(TN) = 10 \times [5.453 + 1.694 \times \ln(TN)]$$
$$TLI(SD) = 10 \times [5.118 - 1.94 \times \ln(SD)]$$
$$TLI(COD_{Mn}) = 10 \times [0.109 + 2.661 \times \ln(COD_{Mn})]$$

湖泊（水库）营养状态分级标准为：$TLI(\Sigma) \leqslant 30$ 为贫营养，$30 < TLI(\Sigma) \leqslant 50$ 为中营养，$TLI(\Sigma) > 50$ 为富营养。$50 < TLI(\Sigma) \leqslant 60$ 为轻度富营养，$60 < TLI(\Sigma) \leqslant 70$ 为中度富营养，$TLI(\Sigma) > 70$ 为重度富营养。

通过以上计算方法计算雁栖湖综合营养状态指数，并进行富营养化状态现状评价，结果见表 3.2-7。

根据表 3.2-7 所示的雁栖湖营养状态评价结果可知，目前雁栖湖富营养水平一直处于中营养状态，2016 年 5 月综合营养状态指数达 49.76，接近富营养状态临界值，可见雁栖湖存在较高的富营养化风险。

第3章 雁栖湖流域水环境变化及其特征

监测时间	Chl－a/(μg/L)	TP/(mg/L)	TN/(mg/L)	SD/m	COD$_{Mn}$/(mg/L)	TLI	营养状态
2016 年 3 月 24 日	1.63	0.030	1.295	2.15	2.72	37.39	中营养
2016 年 4 月 28 日	2.70	0.055	1.46	1.50	6.45	46.57	中营养
2016 年 5 月 12 日	29.07	0.030	1.112	1.05	4.05	49.76	中营养
2016 年 5 月 31 日	10.58	0.044	1.800	1.88	3.33	46.44	中营养
2016 年 6 月 21 日	3.14	0.020	1.610	1.68	3.97	41.44	中营养
2016 年 7 月 13 日	4.05	0.024	1.510	1.85	3.09	40.97	中营养
2016 年 7 月 24 日	3.10	0.018	1.20	1.50	2.53	38.38	中营养
2016 年 8 月 10 日	1.40	0.016	2.24	1.43	3.52	39.41	中营养

3.2.2.3　雁栖河入湖河流水质现状评价

以雁栖河柏崖厂水文站为代表，2015 年 10 月至 2016 年 9 月雁栖河入湖水质总体类别为Ⅲ类，如果 TN 指标参评的话，雁栖河入湖水质类别为劣Ⅴ类。TN 指标是雁栖河入湖水质的控制性指标。从雁栖河入湖水质年内变化过程来看，2015 年 10—12 月、2016 年 3—5 月、7—8 月均存在 TN 超标现象，超标倍数为 0.05～4.86；2016 年 7 月出现 TP 超标，超标倍数为 0.04，其他指标基本均满足雁栖河水环境功能区要求。雁栖河水环境质量现状评价结果详见表 3.2－8。

表 3.2－8　　　　　　　　　　　　雁栖河水环境质量现状评价结果

监测时间	TP	TN	COD	NH$_3$－N	COD$_{Mn}$	综合水质类别
2015 年 10 月	0.02	3.15	<10	0.04		Ⅰ类
	Ⅰ类		Ⅰ类	Ⅰ类		
2015 年 11 月	0.12	2.80	<10	0.34		Ⅲ类
	Ⅲ类		Ⅰ类	Ⅰ类		
2015 年 12 月	0.13	2.8	<10	0.02		Ⅲ类
	Ⅲ类		Ⅰ类	Ⅰ类		
2016 年 3 月	0.056	1.09	<10	0.12	1.19	Ⅱ类
	Ⅱ类		Ⅰ类	Ⅰ类	Ⅰ类	
2016 年 4 月	0.068	0.705	13	0.14	1.54	Ⅱ类
	Ⅱ类		Ⅰ类	Ⅰ类	Ⅰ类	
2016 年 5 月	0.111	1.24	<10	0.09	2.11	Ⅲ类
	Ⅲ类		Ⅰ类	Ⅰ类	Ⅱ类	
2016 年 6 月	0.128	0.68	<10	0.38	2.88	Ⅲ类
	Ⅲ类		Ⅰ类	Ⅱ类	Ⅱ类	
2016 年 7 月	0.15	0.99	19	0.22	5.67	Ⅲ类
	Ⅲ类		Ⅲ类	Ⅱ类	Ⅲ类	

监测时间	TP	TN	COD	NH$_3$—N	COD$_{Mn}$	综合水质类别
2016 年 8 月	0.208	1.05	2	0.14	3.03	Ⅳ类
	Ⅳ类		Ⅰ类	Ⅰ类	Ⅱ类	
2016 年 9 月	0.112	5.86	5	0.02	3.8	Ⅲ类
	Ⅲ类		Ⅰ类	Ⅰ类	Ⅱ类	
年均评价	0.110	2.04		0.15	2.02	Ⅲ类
	Ⅲ类			Ⅱ类	Ⅱ类	

注　表中 TP、TN、COD、NH$_3$—N 和 COD$_{Mn}$ 单位为 mg/L。

3.3 雁栖湖流域水质演变特征

3.3.1 雁栖湖水质年内时空变化特征

根据 2015 年 10 月至 2016 年 8 月对雁栖湖湖区水质的连续监测数据，分析湖区不同区域各水质指标的年内变化规律。

1. TP 变化过程分析

雁栖湖东湖（大湖）的 TP 浓度在 4 月、5 月有所升高，6 月随着雨季到来湖区 TP 浓度有所下降，总体来说年内变化不大；雁栖湖西湖区（小湖）TP 为影响湖区水质的关键指标，3 月、4 月浓度较高，之后随雨季到来有明显下降。2015—2016 年雁栖湖 TP 变化过程如图 3.3 - 1 所示。

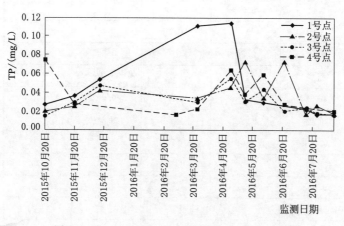

图 3.3 - 1　2015—2016 年雁栖湖 TP 变化过程

2. TN 变化过程分析

雁栖湖东湖区 TN 全年均处于较高的浓度状态，是影响雁栖湖整体水质的关键性控制指标，夏季（5—8 月）浓度较高。从年内变化过程来看，除雨季（7—8 月）湖区的 TN 受上游来水影响明显偏高外，年内其余月份湖区的 TN 变化不显著；西湖区（1 号点）TN 全年变化不大，一直处于较低的浓度状态。西湖区 TP、TN 浓度变化趋势与主湖区变化趋势不同，说明西湖区相对封闭，且无直接的外源输入，其 TP、TN 主要由西湖区周边环境影响及毗邻的雁栖湖主体部分水质的影响。2015—2016 年雁栖湖 TN 变化过程如图 3.3-2 所示。

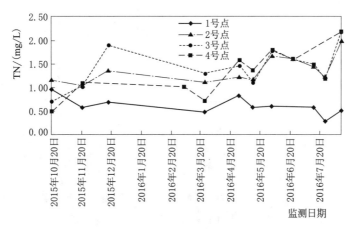

图 3.3-2　2015—2016 年雁栖湖 TN 变化过程

3. NH$_3$—N 变化过程分析

雁栖湖内的氮元素多以硝酸盐氮形式存在，以 NH$_3$—N 形式存在的氮量相对较少，故雁栖湖东西湖区的氨氮（NH$_3$—N）指标浓度较低，常年水质类别均为 Ⅰ～Ⅱ类，且季节性变化不明显。2015—2016 年雁栖湖 NH$_3$—N 年内变化过程如图 3.3-3 所示。

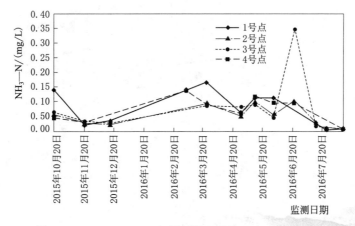

图 3.3-3　2015—2016 年雁栖湖 NH$_3$—N 年内变化过程

4. COD$_{Mn}$ 变化过程分析

根据 2015—2016 年对雁栖湖区各监测站点的 COD$_{Mn}$ 分析结果表明，雁栖湖 COD$_{Mn}$ 随季节变化不大，除 4 月浓度较高（略超过湖泊Ⅲ水质标准）外，其余月份基本均保持在湖泊Ⅱ类水质水平。该指标水质类别为Ⅱ～Ⅲ类，偶尔会出现浓度超标现象（但超标幅度较小）。2015—2016 年雁栖湖 COD_Mn 变化过程如图 3.3 - 4 所示。

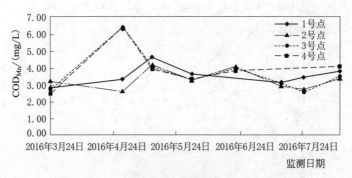

图 3.3 - 4　2015—2016 年雁栖湖 COD_Mn 变化过程

5. Chl - a 变化过程分析

根据 2015—2016 年对雁栖湖各监测站点的各点 Chl - a 浓度分析结果表明，整个湖区 Chl - a 空间分布较为均匀。雁栖湖湖区 Chl - a 浓度随着气温升高，在 5 月达到极大值，而后随着流域降雨量的不断增多，湖区的 Chl - a 浓度开始逐渐下降。从雁栖湖区 Chl - a 的年内变化过程来看，除 5—6 月 Chl - a 浓度较高外，其他月份 Chl - a 浓度维持在一个较为稳定的浓度水平。2015—2016 年雁栖湖 Chl - a 浓度变化过程如图 3.3 - 5 所示。

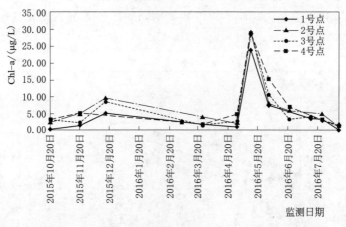

图 3.3 - 5　2015—2016 年雁栖湖 Chl - a 浓度变化过程

3.3.2　雁栖河入湖水质空间变化特征

3.3.2.1　雁栖河干流沿程水质变化特征

雁栖河源头为神堂峪风景区，自景区出口开始沿雁栖河两岸分布有石片村、官地村、神堂峪村、众多的餐饮企业和规模化渔场养殖企业，这些分散式污染源（渔场养殖废污水除外）在沿岸污水收集管道收集后输送至污水处理站，处理达标后排入雁栖河，从而对雁栖河水质产生不同程度的影响。下面分指标分析其沿程变化特征。

（1）TP。雁栖河 TP 从源头区到神堂峪沟出口断面均为Ⅱ类，TP 浓度沿程起伏变化不大（图 3.3-6），其可归因于雁栖河沿程大量的河岸带湿地对入河污染物的滞留、吸收及自净作用，使得雁栖河干流沿程的 TP 浓度保持在较低水平；但在官地村下监测断面浓度略有升高。根据调查发现该断面以上的官地村河岸边有垃圾倾倒现象，同时该河段大型餐饮企业分布较为密集；在河流下游段柏崖厂水文站监测点处，TP 浓度显著增加，水质类别为Ⅲ类，其原因可能是在长园河汇合口处至柏崖厂水文站区间河段分布有多家大型餐饮企业、长园河支流汇入导致的入河污染物显著增加，同时雁栖河汇合口至柏崖厂水文站区间河道湿地面积大幅度减少，区间河道的自净能力也远小于上游河道。

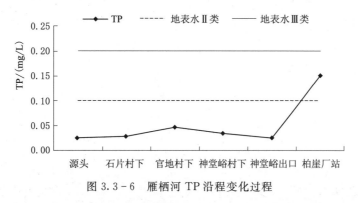

图 3.3-6　雁栖河 TP 沿程变化过程

（2）TN 是雁栖湖和雁栖河的特征污染物，从雁栖河源头（神堂峪沟出口）的 TN 分析，源头水 TN 浓度较高，参考《地表水环境质量标准》（GB 3838—2002）中湖库标准，其水质类别超过Ⅳ类水质标准；雁栖河 TN 呈现自上而下的降低趋势，在柏崖厂水文站监测断面处，TN 有所上升（图 3.3-7）；河流源头处由于植物覆盖度较高，无人为污染，故其 TN 超标主要是由植物腐殖质及土壤本底组分影响所致；至柏崖厂站水质监测断面 TN 上升，则其原因同 TP 上升相似。

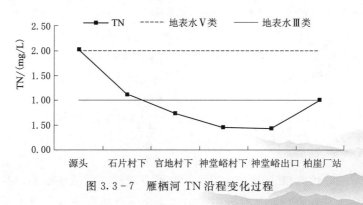

图 3.3-7　雁栖河 TN 沿程变化过程

（3）COD_{Mn} 和 NH_3-N。雁栖河 COD_{Mn} 从源头向下游数值不断增加，由源头区的Ⅰ类水质不断下降到Ⅱ类水质，从长园河汇合口到柏崖厂站的水质监测断面水质下降为Ⅲ类（图 3.3-8）；在神堂峪村下监测断面其浓度值有所减小，这说明官地村至神堂峪村区间河道河滩湿地对入河污染物（COD_Mn）的自净削减能力超过了入河污染物对河道水质的增加影响。雁栖河自源头至柏崖厂站整个河段的 $NH_3—N$ 浓度均较小，但受沿程民俗村、众多餐饮企业及规模化渔场养殖排污影响，雁栖河沿程的 $NH_3—N$ 浓度仍呈现出不断升高的趋势（图3.3-8），$NH_3—N$ 也由源头区的 I 类下降到入湖口的 II 类，但总体仍较好。

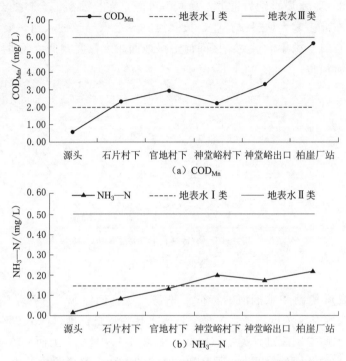

图 3.3-8 雁栖河 COD_Mn 和 $NH_3—N$ 沿程变化过程

3.3.2.2 长园河沿程水质变化特征

长园河源头为莲花池村，并在花苑湖度假村汇入雁栖河。自莲花池村开始沿长园河两岸分布有莲花池村、长元村、众多的餐饮企业和规模化渔场养殖企业，这些分散式污染源（渔场养殖废污水除外）在沿岸污水收集管道收集后输送至污水处理站，处理达标后排入长园河，从而对长园河水质产生不同程度的影响。下面分指标分析其沿程变化特征。

（1）TP。受长园河沿岸民俗村、规模化餐饮企业和大型养殖渔场排污影响，长园河的 TP 浓度明显高于雁栖河的 TP 浓度，水质相对较差，水质类别为 V ～劣 V 类；从长园河 TP 沿程变化过程来看，源头区水质较好，同雁栖河均属 II 类，但从源头区至长园河出口处，TP 浓度快速升高，并在长元村下监测断面超出 V 类水质标准（图3.3-9），水质较差。究其原因主要是因为该小流域分布有几家大型规模化渔场养殖企业，均采用流水养殖模式，且渔场养殖废污水无任何污水处理措施并直接排放入河，从而导致长园河水质污染严重；同时长元村为拥有 1200 多人的大村，民俗接待能力强，其常住人口的生活污染和民俗接待的生活废污水排放规模相对较大；加之该河段河岸带湿地相对较少且较为分散，其自净能力远小于入河污染物对河道水质影响的增量，所以出现长元村断面水质污染最为严重的局面。

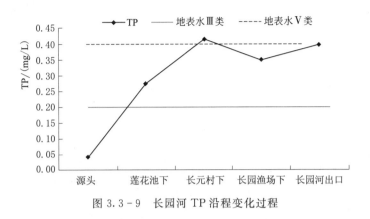

图 3.3-9　长园河 TP 沿程变化过程

（2）TN。相对于雁栖河而言，长园河的 TN 浓度也相对较高，水质相对较差，参考《地表水环境质量标准》（GB 3838—2002）中湖库标准，其水质类别为劣 V 类。从长园河 TN 沿程变化过程来看，长园河源头区水质相对较好，同雁栖河一样均为Ⅲ类，但自源头至下游出口处，TN 快速升高、水质极速变差，水质类别从地表水Ⅲ类快速下降到 V 类。具体来说，长园河 TN 自源头通过莲花池村河段后急速升高，并在下游河段河道湿地的自净作用下略有改善，但在规模化渔场养殖废污水直接排放影响下，长园河 TN 沿程变化趋势总体表现为自上游而下游逐步增加（图 3.3-10）。长园河出口监测断面水质类别为劣 V 类，水质较差。究其原因，与 TP 沿程变化成因基本一致，即长园河沿程分布有大型养殖渔场、民俗村规模较大和沿线餐饮企业较多所致。

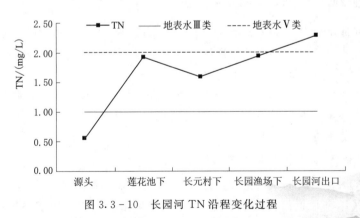

图 3.3-10　长园河 TN 沿程变化过程

（3）COD_{Mn} 和 NH_3—N。长园河 COD_{Mn} 沿程变化过程与雁栖河基本类似，沿程变化趋势均表现为由源头到下游逐渐增加，其水质类别均由Ⅰ类逐步下降为Ⅲ类（图 3.3-11）。长园河 NH_3—N 与雁栖河 NH_3—N 类似，整体趋势均为由源头到下游有所增加，且都由Ⅰ类水质逐步下降为Ⅱ类水质（图 3.3-11），NH_3—N 相对较好。

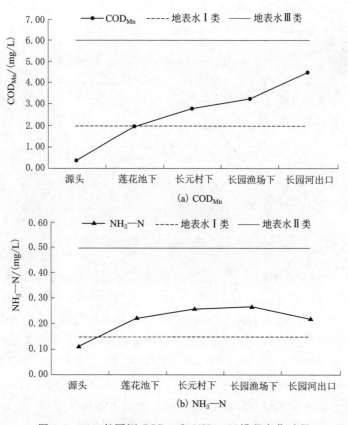

图 3.3 - 11　长园河 COD_{Mn} 和 NH_3—N 沿程变化过程

3.3.3　雁栖河入湖水质年际变化特征

雁栖河是雁栖湖唯一的入湖河流，其来水水质状况将直接影响雁栖湖水环境质量及其富营养化水平，故 TN 应参与评价并纳入雁栖湖总量控制要求。在 TN 指标参评情况下，参考《地表水环境质量标准》（GB 3838—2002）中湖库标准，雁栖河神堂峪沟水质基本均为劣Ⅴ类。从年际变化分析来看，受流域入河污染源类型、不同类型污染源的特征污染物差异及入河污染物治理水平等因素影响，COD_{Mn}、TP、TN 等在年际变化趋势上存在显著的差异。

3.3.3.1　雁栖河神堂峪沟水质年际变化过程

（1）雁栖河神堂峪沟 TP 指标浓度年际变化特征。根据图 3.3 - 12 所示结果可知，2007—2016 年雁栖河神堂峪沟出口的 TP 指标浓度呈现逐年减小趋势，TP 指标水质总体较好，且自 2008 年以来年均水质均满足地表水Ⅱ类水质标准。这说明雁栖河神堂峪沟洗涤禁磷措施到位、规模化畜禽养殖控制效果明显，且规模化渔场养殖、大型餐饮企业和民俗村排水对河道 TP 的影响控制在河道的自净能力范围内。

（2）雁栖河神堂峪沟 TN 指标浓度年际变化特征。根据图 3.3 - 13 所示结果可知，2007—2016 年雁栖河神堂峪沟出口的 TN 指标浓度年际变化波动比较显著，参

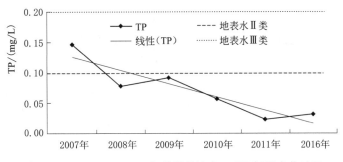

图 3.3 - 12　2007—2016 年神堂峪沟出口 TP 年际变化过程

考《地表水环境质量标准》(GB 3838—2002) 中湖库标准，总体水质类别为劣Ⅴ类。从年际变化的总体趋势上来看，2016 年神堂峪沟出口的 TN 指标浓度较 2007 年、2009 年均有显著增加，较高峰年份如 2008 年、2010 年又降低很多。基于前述的污染源调查结果，神堂峪沟的 TN 指标浓度年际变化呈现增加趋势主要受规模化渔场养殖废污水直接排放影响较大，其年际变化波动显著与流域水文情势的不确定影响关系密切。

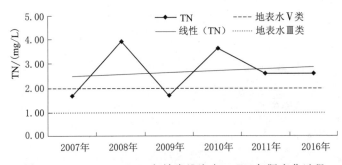

图 3.3 - 13　2007—2016 年神堂峪沟出口 TN 年际变化过程

（3）雁栖河神堂峪沟 COD_{Mn} 指标浓度年际变化特征。COD_{Mn} 指标所代表的有机污染物排放，与小流域内的渔场养殖、规模化餐饮企业及民俗接待等密切相关。从图 3.3 - 14 所示的 COD_{Mn} 浓度年际变化过程可知，近年来雁栖河神堂峪沟的旅游业发展是比较快的，尽管民俗接待和规模化餐饮企业排放的废污水都集中收集处理后达标排放，但从雁栖河神堂峪沟出口的 COD_{Mn} 浓度年际变化表明，该小流域的有机污染负荷入河量近年来还是在逐步增加。

3.3.3.2　长园河水质年际变化过程

根据 2007—2016 年长园河的水质变化过程（图 3.3 - 15）可以看出：在 TN 指标不参评条件下，雁栖河长园河出口水质为Ⅲ～Ⅳ类；在 TN 指标参评情况下，长园河水质基本均为劣Ⅴ类，水质类别控制指标为 TN，主要超标水质指标有 TN 和 TP。从年际变化分析来看，受流域入河污染源类型、不同类型污染源的特征污染物差异及入河污染物治理水平等因素影响，COD_{Mn}、TP、TN 等在年际变化趋势上不尽相同。

（1）长园河 COD_{Mn} 年际变化特征。从图 3.3 - 15（a）所示的 COD_{Mn} 指标浓度年

际变化过程可知，近年来长园河的COD_{Mn}浓度呈现先降低后逐年升高的变化过程，2008—2009年长园河出口的COD_{Mn}浓度快速降低是民俗接待和规模化餐饮企业排放的废污水都集中收集处理后达标排放所致，但从2010年以后又呈逐年升高趋势则是因为近年来旅游业发展使入河污染负荷总量逐年增加所致。

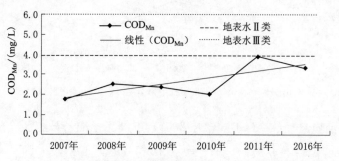

图3.3-14 2007—2016年神堂峪沟出口COD_{Mn}年际变化过程

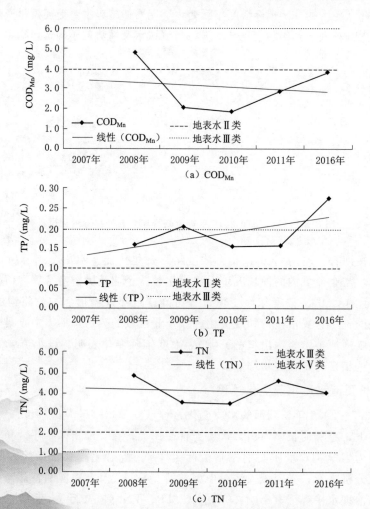

（a）COD_{Mn}

（b）TP

（c）TN

图3.3-15 2007—2016年长园河出口水质年际变化过程

（2）长园河 TP 指标浓度年际变化特征。根据图 3.3-15（b）所示结果可知，2007—2016 年长园河出口的 TP 指标浓度呈现先开高再降低后逐年升高的变化过程，其变化过程与 COD_{Mn} 有些相似，即 2010 年以后随着雁栖湖生态发展示范区建设和知名度不断提高，达标排放的 TP 入河污染负荷总量仍逐年增加，同时超过了受纳河流水体的自净能力范围，故呈现出自 2010 年以来快速升高的趋势。

（3）长园河 TN 指标浓度年际变化特征。根据图 3.3-15（c）所示结果可知，2007—2016 年长园河出口的 TN 指标浓度年际变化有波动但不显著，总体水质类别为劣 V 类。从年际变化的总体趋势上来看，2016 年长园河出口的 TN 指标浓度较 2008 年、2011 年均有所降低。基于前述的污染源调查结果，长园河的 TN 指标浓度年际呈增加趋势主要受规模化渔场养殖废污水直接排放影响较大，其年际变化波动显著与流域水文情势的不确定密切相关。

3.3.3.3　雁栖河干流来水水质年际变化过程

雁栖河入湖水量主要来自于长园河和神堂峪沟，其入湖污染物量也主要来自于长园河和神堂峪沟。从长园河和神堂峪沟水质比较（图 3.3-16）可知，长园河来水水

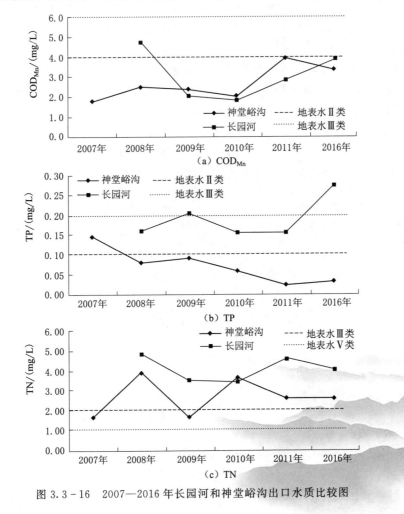

图 3.3-16　2007—2016 年长园河和神堂峪沟出口水质比较图

质明显较神堂峪沟来水水质差许多；从年际变化趋势看，近几年长园河的 TP 和 COD$_{Mn}$ 均有逐年升高趋势，而神堂峪沟的出水水质呈现出相对稳定或逐年变好的趋势。

3.4　小结

（1）雁栖湖分东西两个湖，西湖水质较好，总体水质及年内大部分月份均满足《地表水环境质量标准》（GB 3838—2002）中的湖库Ⅲ类水质目标要求；雁栖湖东湖是雁栖湖的主体，在 TN 指标不参评条件下，其总体水质类别满足湖库Ⅲ类标准，年内局部时段存在 TP 超标现象，最大超标倍数约为 1.2 倍；在 TN 指标参与评价时，湖泊水质满足湖库Ⅳ类标准，年内湖区各监测站点均存在 TN 指标超标情况，最大超标倍数为 1.24 倍。

（2）雁栖河是雁栖湖唯一的入湖河流，其入湖水量与水质主要来源于神堂峪沟（雁栖河主干）和长园河（雁栖河支流），在不考虑 TN 指标参评条件下雁栖河入湖水质类别满足《地表水环境质量标准》（GB 3838—2002）中河流Ⅲ类水质目标要求，如果 TN 指标按照湖泊水质类别标准评价，则雁栖河入湖水质类别为劣Ⅴ类，主要超标指标有 TN 和 TP。

（3）从雁栖河入湖水质年际变化过程来看，近年来受雁栖湖生态发展示范区建设、"雁栖不夜谷"知名度快速提升和雁栖河"虹鳟鱼养殖一条沟"规模化渔场养殖废污水直排入河等多因素影响，进入长园河的有机污染物、P、N 等营养物质未见减少，雁栖河入湖水质浓度未见明显好转并存在水质变差的风险。

（4）从雁栖湖入湖污染负荷来源上看，长园河来水较神堂峪沟来水明显差许多，且从长园河汇入雁栖河的污染负荷量有逐年增加的趋势。

第 4 章

雁栖湖入湖污染物总量控制研究

据统计，雁栖湖流域年污水排放量约 600 万 t，尽管已经投入了大量的人力和资金进行流域污染源治理，但由于技术、设备及维护资金等原因，目前只有 22 家餐饮点的污水处理设备处于正常运行状态，流域污染负荷贡献量接近 80% 的渔场养殖废水仍处于直排状态。这些未经有效处理的污废水将严重影响着雁栖湖水质，加之管理中仍缺乏限制纳污红线的总量控制要求，雁栖湖日益面临区域水资源短缺、水环境质量变差和水体富营养化加剧的风险。本章采用雁栖湖水环境数值模型核算雁栖湖水环境容量，提出了雁栖湖生态发展示范区流域建设与发展的总量控制要求；并结合流域入湖污染物总量估算成果，制定了示范区流域污染物总量控制与削减方案，以满足限制纳污红线的总量控制要求。

4.1 雁栖湖水环境模拟技术研发

4.1.1 模型研发技术思路

雁栖湖位于北京市怀柔区雁栖镇，由东、西两个湖区组成，水面开阔，湖容量 3830 万 m^3，水面积达 230hm^2，湖岸线超过 20km，坝前最大水深 25m。雁栖湖湖流速度十分缓慢，且湖区流场受风驱动影响变化频繁，湖流监测十分困难。目前雁栖湖只有 1 个常规水质监测站点，无法了解雁栖湖湖区水质的时空动态变化过程，因此数值模拟技术成为研究雁栖湖水动力条件与入湖污染物迁移扩散规律的重要技术手段。雁栖湖水环境数值模拟技术研发流程包括以下 3 个方面。

4.1.1.1 分模块进行开发设计

污染物在湖体内的输移扩散等特性，很大程度上决定于湖流运动规律，雁栖湖属小型湖泊，入湖水量小，基本无出流，风是湖流运动的主要驱动力。因此，雁栖湖水环境数学模型除水流模型、水质模型外，还应包括模拟湖区风场。水环境模型主要的模拟预测水质指标包括 COD_{Mn}、TP 和 TN。

从 3 个模块的影响作用特点来看，风场驱动水流、水流携带水质，反过来，在雁栖湖湖泊水流模拟过程中可以不考虑水质影响，在湖区风场模拟时湖泊水流水质的影响基本可以忽略。因此，雁栖湖水环境数学模型技术开发可以分成风场模块、水流模块和水质模块相对独立地开发，通过模块间数据动态传输，反映湖区风场、水流和水质间的相互作用特点。

4.1.1.2 确定模型类型

雁栖湖湖周地形复杂，西面和北部均为山区，东面和南面地势相对较为平坦开阔。从反映研究区域水流水质总体变化特征并满足实际需求考虑，采用水深平均的平面二维数学方程来描述雁栖湖水流水质运动特点和模拟指标的水环境变化过程。

4.1.1.3 数学模型求解及参数率定与验证

数学模型求解，首先概化雁栖湖的形状和地形，以反映湖体的自然环境特征；然后对数学方程进行数值离散，寻求方程数值解。目前有关数值解技术的研究成果很多，技术方法相对比较成熟。湖泊水体内存在十分复杂的物理、化学及生物演变过程，数学模型只能是对这些复杂物理、化学及生物过程进行简化数学描述，并需要利用翔实的实测数据和已有的研究成果对数学模型进行参数率定与模型验证，以保证建立的水环境数学模型能够反映雁栖湖湖泊水体的天然过程并且具有一定的模拟精度。

根据收集到的雁栖湖流域流量、水位与水质资料，利用近年来固定点位实测水质数据及其年内与年际变化过程和前期的研究成果，进行雁栖湖水环境数学模型的参数率定与模型验证，确保建立的雁栖湖水环境数学模型能较好地反映雁栖湖实际水动力特征和水质动态演变规律。

4.1.2 雁栖湖水动力学模型

4.1.2.1 基本方程

大量宽浅型湖泊水流运动机理观测研究表明，风是湖泊水流运动的主要驱动力，其次是环湖河道进出水流形成的吞吐流，湖流运动形成以风生湖流为主、吞吐流为辅的混合流动特性。描述浅水型湖泊水深平均平面二维水流运动基本方程为

$$\frac{\partial h}{\partial t} + \frac{\partial (uh)}{\partial x} + \frac{\partial (vh)}{\partial y} = q$$

$$\frac{\partial (uh)}{\partial t} + \frac{\partial (u^2 h)}{\partial x} + \frac{\partial (uvh)}{\partial y} + gh\frac{\partial z}{\partial x} - fv = \frac{\tau_{wx}}{\rho} - \frac{\tau_{bx}}{\rho} \qquad (4.1-1)$$

$$\frac{\partial (vh)}{\partial t} + \frac{\partial (uvh)}{\partial x} + \frac{\partial (v^2 h)}{\partial y} + gh\frac{\partial z}{\partial y} + fu = \frac{\tau_{wy}}{\rho} - \frac{\tau_{by}}{\rho}$$

式中：h 为水深；q 为单位面积上进出湖泊的流量（即环湖河道进出流量），以入湖为"+"，出湖为"−"；u、v 分别为沿 x、y 方向的流速分量；z 为雁栖湖水位；g 为重力加速度；ρ 为水密度；f 为柯氏力系数，根据雁栖湖所处经纬度，计算得到雁栖湖柯氏力系数 $f = 6.1 \times 10^{-5} \mathrm{s}^{-1}$；$\tau_{bx}$、$\tau_{by}$ 为湖底摩擦力分量；τ_{wx}、τ_{wy} 为湖面风应力分量。

其中，柯氏力系数为

$$f = 2\omega \sin\varphi$$

式中：ω 为地球自转角速度；φ 为湖泊所处纬度。

湖面风应力分量为

$$\tau_{x(s)} = C_D \cdot w \cdot w_x$$
$$\tau_{y(s)} = C_D \cdot w \cdot w_y$$
$$C_D = \gamma_a^2 \cdot \rho_a$$

式中：γ_a 为风应力系数；ρ_a 为空气密度；w 为离湖面 10m 处风速；w_x、w_y 为 x、y 方向的风速分量。

湖底切应力分量：

$$\tau_{x(b)} = c_b \cdot \rho \cdot u \cdot \sqrt{u^2 + v^2}$$
$$\tau_{y(b)} = c_b \cdot \rho \cdot v \cdot \sqrt{u^2 + v^2}$$
$$c_b = \frac{1}{n} \cdot h^{\frac{1}{6}}$$

式中：n 为糙率系数。

4.1.2.2 基础资料

（1）地形资料。为建立雁栖湖平面二维水动力与水质数学模型，2016 年 5 月完成了雁栖湖湖区水下地形图测量工作，并生成的雁栖湖水下地形图见图 4.1-1，模拟范围为东西向 2.6km，南北向 3.2km，网格尺寸单元为 20m×20m。

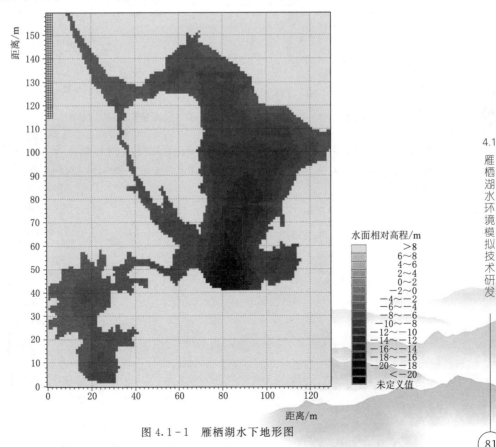

图 4.1-1 雁栖湖水下地形图

（2）风场资料。雁栖湖周围没有设立气象观测站，因此直接采用临近的怀柔气象站数据，将怀柔气象站多年平均风速和常年主导风向作为雁栖湖的湖面风场边界条件。2015年10月至2016年7月雁栖湖平均风速及主导风向见表4.1-1，风向玫瑰图见图4.1-2。

表4.1-1　　　2015年10月至2016年7月雁栖湖平均风速及主导风向

日期（年-月）	2015-10	2015-11	2015-12	2016-1	2016-2	2016-3	2016-4	2016-5	2016-7
月均风速/(m/s)	2.10	2.26	2.35	2.49	2.54	2.74	2.76	2.40	2.16
主导风向	SWS	NE	NE	NE	NE	SW	SW	SW	SW

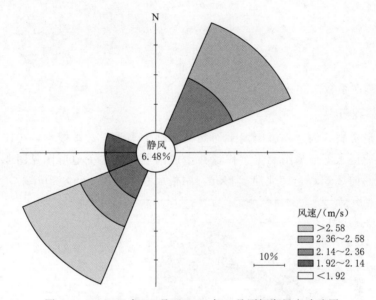

图4.1-2　2015年10月至2016年7月雁栖湖风向玫瑰图

（3）降雨蒸发资料。2015年10月至2016年7月雁栖湖日降雨与水面蒸发过程（以柏崖厂水文站为代表）如图4.1-3和图4.1-4所示，雁栖湖总降雨量252.3mm，总蒸发量567.4mm。

（4）水位资料。2015年10月至2016年7月雁栖湖实测逐日水位变化过程如图

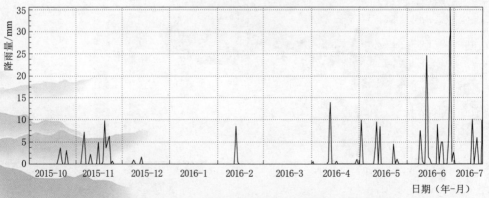

图4.1-3　2015年10月至2016年7月雁栖湖日降雨过程图

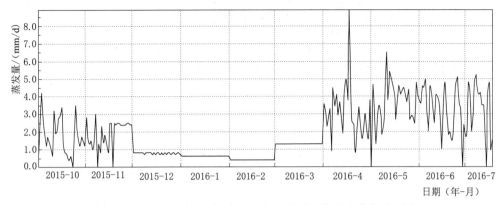

图 4.1-4　2015 年 10 月至 2016 年 7 月雁栖湖逐日蒸发过程图

4.1-5 所示。

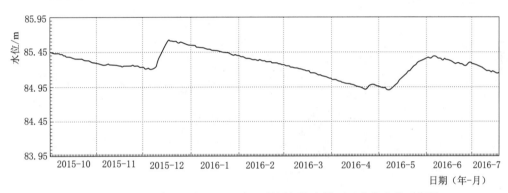

图 4.1-5　2015 年 10 月至 2016 年 7 月雁栖湖实测逐日水位变化过程图

4.1.2.3　边界条件

以 2015 年 10 月 1 日湖区平均水位 85.45m 作为初始水位，以雁栖湖入湖流量过程（图 4.1-6）为入湖水量条件，模拟计算雁栖湖水位变化过程，计算时间步长为 1800s，模拟时段为 2015 年 10 月 1 日至 2016 年 7 月 19 日。

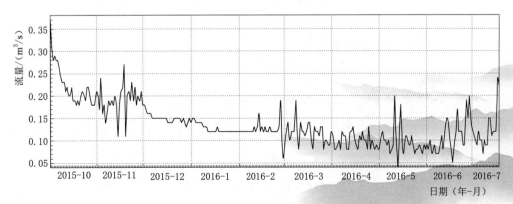

图 4.1-6　2015 年 10 月至 2016 年 7 月雁栖湖入湖逐日流量变化过程图

4.1.2.4 模型参数率定

糙率：根据模型率定调整确定的雁栖湖糙率为0.025。

干湿水深：雁栖湖水动力学模型干湿水深分别设为0.05m和0.10m。

风摩阻系数：选取风摩阻系数为0.0026。

模型验证模拟水位与实测水位相对误差在±0.15％范围以内，模拟效果好，模拟水位与实测水位对比如图4.1-7所示，模拟水位与实测水位相对误差如图4.1-8所示。

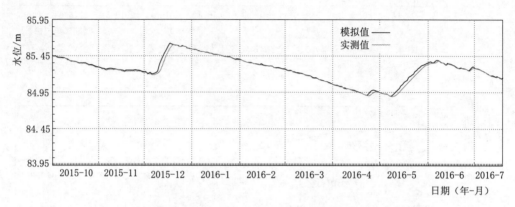

图4.1-7　2015年10月至2016年7月模拟水位与实测水位对比图

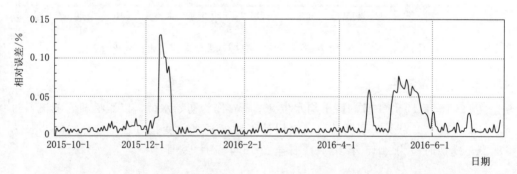

图4.1-8　2015年10月至2016年7月模拟水位与实测水位相对误差

4.1.3　雁栖湖水质模拟模型

1. 模型基本方程

雁栖湖水质模型采用水深平均的平面二维数学模型，模型基本方程为

$$\frac{\partial(hC)}{\partial t}+\frac{\partial(MC)}{\partial x}+\frac{\partial(NC)}{\partial y}=\frac{\partial}{\partial x}\left(E_x h\frac{\partial C}{\partial x}\right)+\frac{\partial}{\partial y}\left(E_y h\frac{\partial C}{\partial y}\right)+S+F(C) \tag{4.1-2}$$

式中：h为水深，m；C为水质指标浓度，mg/L；M为横向单宽流量，m^2/s；N为纵向单宽流量，m^2/s；E_x为横向扩散系数，m^2/s；E_y为纵向扩散系数，m^2/s；S为源（汇）项，$\text{g}/(\text{m}^2\cdot\text{s})$；$F(C)$为生化反映项。

水质模型中的生化反应项，反映了污染物在水体中复杂的生化反应过程，影响因素很多。在雁栖湖水质模拟过程中，根据雁栖湖水污染特点并结合实测资料情况，选取有机污染指标 COD_{Mn} 及表征富营养化程度指标 TP、TN 作为研究对象，并对 3 个水质指标生化项处理如下。

有机污染指标 COD_{Mn} 在水体中的生化反应过程在考虑自净衰减过程的同时，也考虑底泥释放对上浮水体水质的影响。COD_{Mn} 在水体中的生化反应过程可简化为

$$F(C) = -K_C C h$$

式中：K_C 为 COD_{Mn} 自净衰减系数，是温度的函数。

$$K_C = K_{20} 1.047^{T-20}$$

式中：K_{20} 为温度在 20℃时的自净衰减系数。

TP、TN 在水体中的生化过程通常考虑底泥的释放及沉降、浮游植物的生长对磷和氮的吸收、死亡的浮游植物中所含磷和氮的返还等过程。在雁栖湖水质模拟过程中，浮游植物对 TP、TN 的影响是通过调整底泥释放与污染物综合沉降过程来综合反映的：

$$F(TP) = S_p - P_K$$

式中：P_K 为磷沉降速率，$g/(m^2 \cdot d)$；S_p 为底泥释放磷速率，$g/(m^2 \cdot d)$。其中，水体磷沉降速率 $P_K = K_{TP} C_{TP} h$。其中，K_{TP} 为 TP 综合沉降系数，d^{-1}；C_{TP} 为水体 TP 浓度，mg/L；h 为水深，m。

$$F(TN) = S_N - N_K$$

式中：S_N 为底泥释放氮的速率，$g/(m^2 \cdot d)$；N_K 为氮沉降速率，$g/(m^2 \cdot d)$。其中，水体氮沉降速率 $N_K = K_{TN} C_{TN} h$。K_{TN} 为 TN 综合沉降系数，d^{-1}；C_{TN} 为水体 TN 浓度，mg/L；h 为水深，m。

方程中源汇项的概化，主要考虑雁栖湖上游雁栖河入湖水量所携带的污染物量。水质基本方程的离散采用守恒方程的显格式，对流项采用迎风格式，扩散项采用中心差分，计算网格布置与水流相同，其中浓度计算点布置在水位点上。

2. 初始条件

雁栖湖湖区初始水质浓度采用 2015 年 10 月实测值，即 TP 为 0.02mg/L，TN 为 1.00mg/L，COD_{Mn} 为 2.80mg/L。

3. 边界条件

雁栖湖入湖水量边界采用雁栖河柏崖厂站的实测流量资料，入湖水质边界采用该期间实测的水质资料，其结果详见表 4.1-2。

表 4.1-2　　　　　　　　　　入湖河流水质资料　　　　　　　　单位：mg/L

日　　期	2015 年			2016 年					
	10 月 20 日	11 月 20 日	12 月 16 日	3 月 3 日	3 月 24 日	4 月 28 日	5 月 12 日	5 月 31 日	7 月 13 日
TP	0.10	0.13	0.09	0.048	0.058	0.095	0.113	0.094	0.152
TN	3.34	2.97	2.69	1.06	1.19	0.91	1.03	0.35	0.75
COD_{Mn}	—	—	—	1.53	2.06	2.37	3.23	2.97	2.99

4. 模型参数率定

基于入湖水量与水质边界条件，并结合雁栖湖湖区实测水质数据，对雁栖湖平面二维水环境数学模型进行了参数率定工作。雁栖湖水质模型参数率定结果见表 4.1-3，各水质指标模拟值与实测值对比如图 4.1-9～图 4.1-11 所示，其中 TP 的底泥释放速率存在明显季节性差异，东湖区与西湖区释放速率差别不大；TN 和 CODMn 的底泥释放速率季节性差异不明显，但东湖区与西湖区的释放速率有较大差别。各水质指标模拟值与实测值相对误差统计见表 4.1-4，除 3 号点 TP 平均误差略大外，其他指标的模拟误差基本控制在 30％以内，模拟效果良好。

表 4.1-3　　　　　　　　　　雁栖湖水质模型参数率定结果

参 数 名 称	单 位	参 数 值
纵向和横向扩散系数	m^2/s	0.01
TP 综合沉降系数	d^{-1}	0.008
底泥 TP 释放速率	$mg/(m^2 \cdot d)$	0.7～2.6
TN 综合沉降系数	d^{-1}	0.005
底泥 TN 释放速率	$mg/(m^2 \cdot d)$	4.3～21.6
CODMn 衰减系数	d^{-1}	0.005
底泥 CODMn 释放速率	$mg/(m^2 \cdot d)$	34.6～60.5

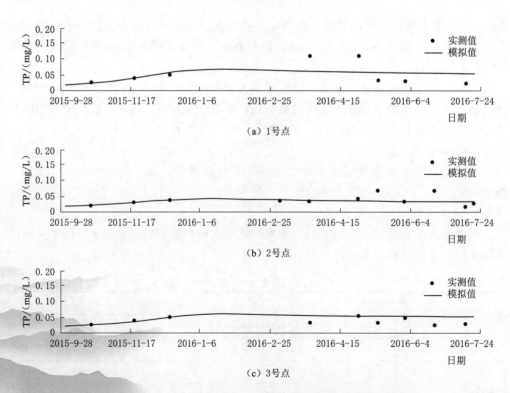

图 4.1-9　雁栖湖 TP 模拟值与实测值对比图

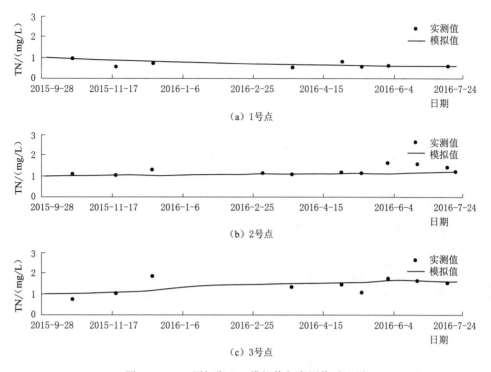

（a）1号点

（b）2号点

（c）3号点

图 4.1-10 雁栖湖 TN 模拟值与实测值对比图

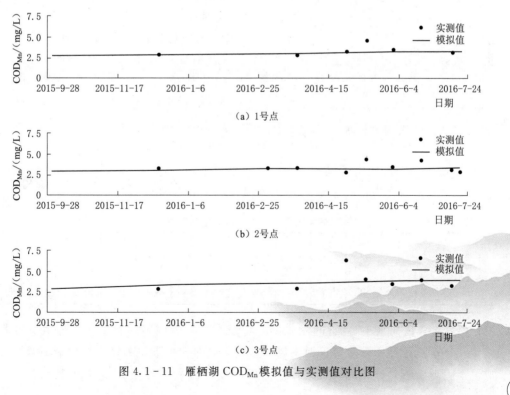

（a）1号点

（b）2号点

（c）3号点

图 4.1-11 雁栖湖 COD$_{Mn}$模拟值与实测值对比图

表 4.1-4　　　　雁栖湖 TP、TN、COD$_{Mn}$模拟值与实测值误差统计　　　　　　　％

测　　点	TP	TN	COD$_{Mn}$
1号点	30.0	9.9	-6.9
2号点	3.0	-13.1	-1.1
3号点	51.5	8.9	2.0

4.2　雁栖湖水动力特性及入湖污染物迁移扩散规律

4.2.1　雁栖湖水动力特性分析

雁栖河为雁栖湖唯一的入湖河流，北台上主坝闸门为湖泊排水口。雁栖湖湖流速度十分缓慢，流速多为 0~20mm/s，且流速受风场驱动影响变化频繁。雁栖湖湖面风场年内变化较大，常年以西南风为主，秋冬季节交替时风向变化较大，由西南风转为东北风，因此受风驱动影响的雁栖湖湖流形态和环流结构在秋冬季节存在明显变化，东湖区形成的大型湖流由顺时针转变为逆时针。

根据怀柔区多年平均风场资料（表 4.2-1、图 4.2-1 和图 4.2-2）统计分析，雁栖湖常年主导风向为 SW，出现频率为 58.3%，多年平均风速为 2.23m/s；次主导风向为 NE，出现频率为 33.3%，多年平均风速

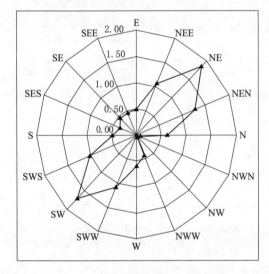

图 4.2-1　雁栖湖湖区风向玫瑰图

为 2.41m/s；SWS 风出现频率为 8.3%，多年平均风速为 2.10m/s。下面将以这三种主导风场为代表，分析研究雁栖湖风生湖流特征及其水动力学条件。

表 4.2-1　　　　　　　　怀柔区多年月均风速与主导风向

月　　份	1	2	3	4	5	6	7	8	9	10	11	12
月均风速/(m/s)	2.49	2.54	2.74	2.76	2.40	2.16	1.80	1.78	1.94	2.10	2.26	2.35
主导风向	NE	NE	SW	SW	SW	SW	SW	SW	SW	SWS	NE	NE

（1）主导风向（SW）下的湖流形态特征。根据雁栖湖湖面多年平均风场资料统计，每年夏季及秋季多盛行西南风。在西南风向作用下，雁栖湖东湖沿湖西岸形成一个大型的顺时针环流，且东岸逆时针补偿环流发育，在大型环流带动下，在

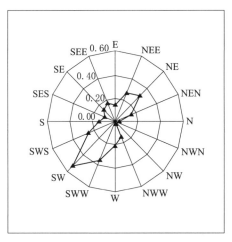

（a）春

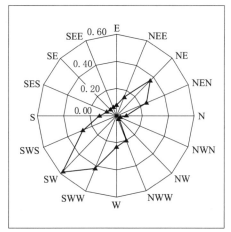

（b）夏

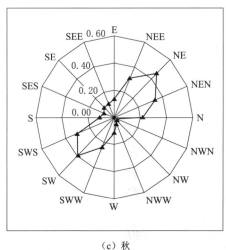

（c）秋

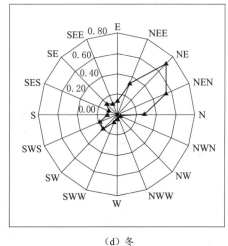

（d）冬

图 4.2-2　雁栖湖湖面四季风向玫瑰图

东湖区北部依次形成 2 个逆时针和顺时针补偿小环流，南部形成 1 个逆时针补偿小环流。受地形影响，在西湖区形成两个小型的顺时针环流。主导风向（SW）下的雁栖湖湖流形态特征如图 4.2-3 所示。西南风下雁栖湖全湖平均流速为 0.012m/s。

（2）次主导风向（NE）下的湖流形态特征。雁栖湖冬季多盛行东北风。雁栖湖水面开阔，湖面风场受周边地形影响较弱，因此在东北风作用下形成的流场与西南风向作用下的湖流形态刚好相反，主湖区沿西岸形成大型逆时针环流，东岸顺时针补偿环流发育。次主导风向（NE）下的雁栖湖湖流形态特征如图 4.2-4 所示。东北风下雁栖湖全湖平均流速为 0.013m/s。

（3）西南偏南风向（SWS）下的湖流形态特征。在西南偏南风向作用下，雁栖

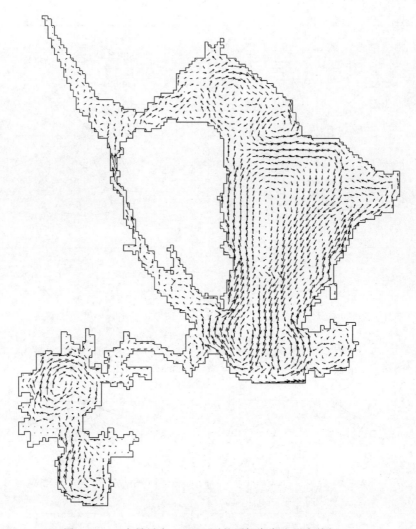

图 4.2-3　主导风向（SW）下的雁栖湖湖流形态特征

湖湖流形态与西南风向作用下的湖流形态类似，西湖区同样为两个顺时针环流，而东湖区沿西岸的顺时针环流变小，沿东岸的逆时针环流增大。风向（SWS）下的雁栖湖湖流形态特征如图 4.2-5 所示。西南偏南风向作用下雁栖湖全湖平均流速为 0.011mm/s。

综上所述，风向是雁栖湖湖流运动的主要驱动力，雁栖湖湖区环流结构以顺时针环流形态为主导，并随之在不同的湖区或湖湾依次产生次生型补偿性顺时针环流、逆时针环流等。湖区的环流结构、形态大小及空间位置分布均随着湖面风场的变化而变化。

4.2.2　入湖污染物迁移扩散规律

雁栖湖西湖水质较好，总体水质类别满足《地表水环境质量标准》（GB 3838—

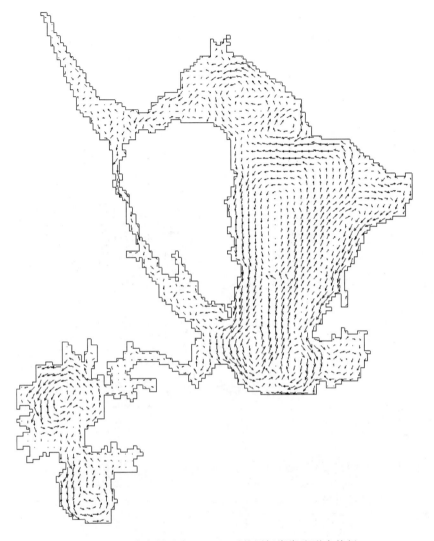

图 4.2-4　次主导风向（NE）下的雁栖湖湖流形态特征

2002）中的湖库Ⅲ类水质目标要求；东湖区是雁栖湖的主体，其总体水质类别为Ⅳ类，TN 在个别月份存在超标情况。

雁栖河是雁栖湖唯一的入湖河流，其入湖水量与水质主要来源于神堂峪沟（雁栖河主干）和长园河（雁栖河支流），入湖污染负荷经雁栖河从雁栖湖北部入湖，从而致使雁栖湖东湖水质浓度空间分布呈现出自北向南逐渐降低的空间分布格局。从雁栖河入湖水质年际变化过程来看，近年来受雁栖湖生态发展示范区建设、"雁栖不夜谷"知名度快速提升和规模化渔场养殖废污水直排入河等多因素影响，进入长园河的有机污染物负荷量未见减少，且入湖水质浓度有逐年升高趋势。从入湖污染物的年内分布特征分析，旅游季节与非旅游季节的排污量差别很大，年内水质存在显著的波动性变化。

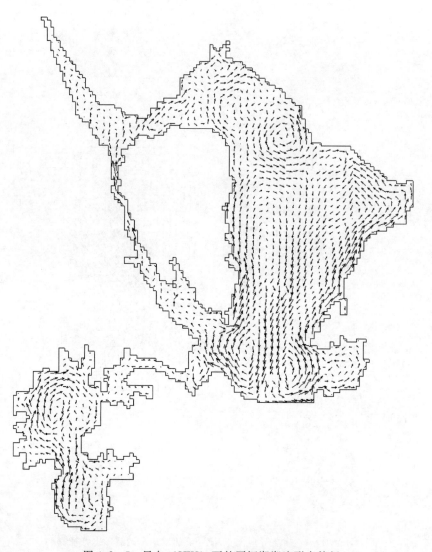

图 4.2-5　风向（SWS）下的雁栖湖湖流形态特征

　　根据平面二维水质模型模拟结果，雁栖湖旅游季节与非旅游季节 TP、TN、
COD_{Mn} 3 个指标水质浓度场分别如图 4.2-6～图 4.2-8 所示。

　　由图 4.2-6 可知，旅游季节和非旅游季节雁栖湖 TP 浓度场分布相差不大，东
湖区北部水质主要受雁栖河入湖水质浓度影响显著，东湖区水质浓度空间分布呈现出
自北向南逐渐降低的空间分布格局，北部湖区水质存在局部时段超现象标，南部水质
整体较好；西湖区 TP 主要受内源释放影响，与东湖区北部浓度大致相同，存在一定
的超标现象。

　　由图 4.2-7 可知，受入湖水质季节性变化影响，非旅游节雁栖湖 TN 分布明显
高于旅游季节；东湖区北部水质主要受雁栖河入湖水质浓度影响，水质浓度空间分布

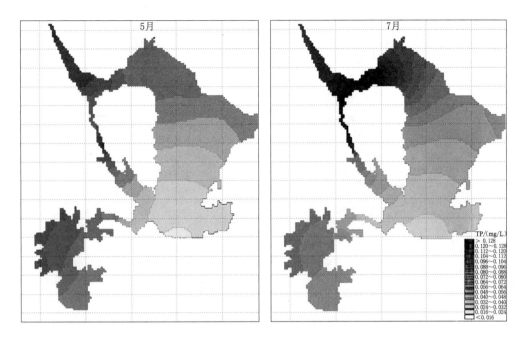

（a）旅游季节

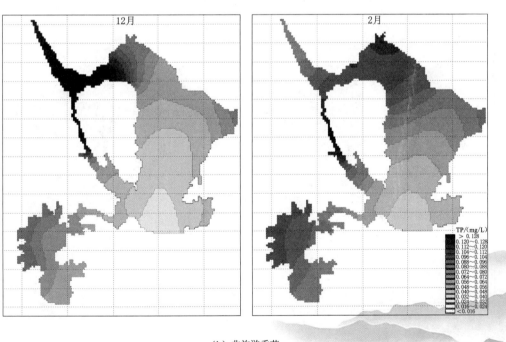

（b）非旅游季节

图 4.2-6　雁栖湖 TP 空间分布

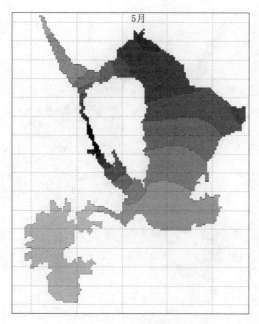
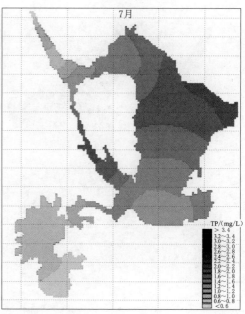

（a）旅游季节

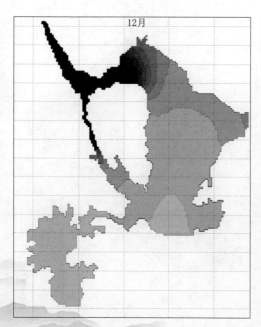
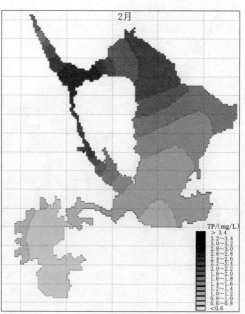

（b）非旅游季节

图 4.2-7　雁栖湖 TN 空间分布

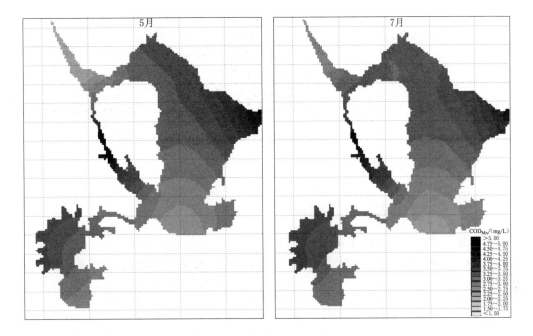

(a) 旅游季节

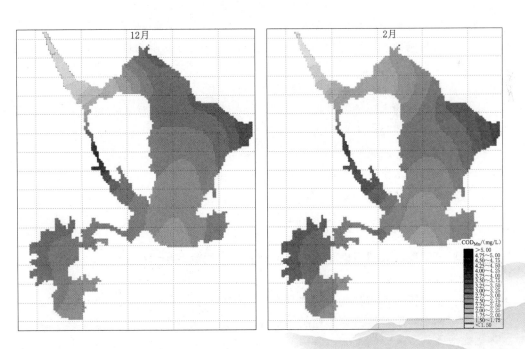

(b) 非旅游季节

图 4.2-8　雁栖湖 COD_{Mn} 空间分布

呈现出自北向南逐渐降低的空间分布格局，南部水质较好；西湖区水质几乎不受入湖水质影响，TN 指标浓度很低，不存在超标现象。

由图 4.2-8 可知，雁栖河入湖 COD_{Mn} 浓度较低，入湖口水质较好，雁栖湖东湖区中部水质主要受内源释放影响，浓度高于入湖口水质及南部坝前水质；同时受入湖水质季节变化影响，雁栖湖在旅游季节 COD_{Mn} 分布明显高于非旅游季节；西湖区 COD_{Mn} 主要受内源释放影响，与东湖区中部大致相同。雁栖湖不存在 COD_{Mn} 超标现象。

4.3　雁栖湖水环境容量核算与总量控制方案

4.3.1　水环境容量核算的基本原则

水环境容量是在给定的水质保护目标、设计水流条件和排污条件下，水体最大能够容纳的污染物总量，即水体最大允许纳污量。影响雁栖湖水环境容量大小的主要因素包括：

（1）湖泊水质保护目标。

（2）设计水文条件，包括水位、出入湖流量及风场等因素。

（3）湖泊内污染物输移转化特性。

（4）湖泊规划排污口位置和水环境容量分配原则。

湖泊水环境容量是与环湖河道相联系的，如何合理确定环湖河道水环境容量的分配原则，不仅影响到水环境容量的大小，同时也是确定环湖限制排污总量空间分配的基础。水环境容量分配原则不仅是一个技术问题，也是重要的流域管理问题。对雁栖湖而言，因其入湖污染物来源单一而相对简单。

本次研究采用的水环境容量核算原则，综合考虑了湖泊与河流水质两个方面的要求。在核算过程中依照以下原则进行控制：

（1）雁栖湖东、西湖区水质满足其水质保护目标要求。

（2）河道入湖水质不劣于现状。

（3）湖区水质目标基本不劣于现状。

4.3.2　雁栖湖水质保护目标

结合雁栖湖流域入湖污染源调查与河湖水环境质量现状评价结果，雁栖湖区水环境质量总体较好，主要超标指标为 TN，其余各指标均满足湖泊 Ⅰ～Ⅲ 类水质。根据国家总量控制指标要求和雁栖湖湖泊富营养化研究需要，采用 TP、TN 和 COD_{Mn} 指标作为雁栖湖水环境容量核算的控制性指标。按照《北京市地表水功能区划方案》关于雁栖河（含雁栖湖）的水体功能定位为一般鱼类保护区及游泳区，其水质保护目标为地表水Ⅲ类标准，应计算在Ⅲ类水质下的雁栖湖水环境容量。根据《地表水环境质量标准》（GB 3838—2002），雁栖湖水环境容量核算指标 TP、TN 和 COD_{Mn} 的控制浓度见表 4.3-1。

表 4.3-1 　　　　　　　　　雁栖湖水环境容量核算指标控制浓度　　　　　　　单位：mg/L

指　　　标	TP	TN	COD_{Mn}
Ⅲ类水质标准	0.05	1.0	6
湖区水质现状	0.04	1.2	3.4
水质控制浓度	0.04	1.0	3.4

4.3.3　雁栖湖水环境容量核算条件设计

水环境容量包括水体稀释容量和自净容量两部分。通常情况下，湖泊水位越低，水环境容量就越小；在水位不变的条件下，出入湖水量越小，湖泊水环境容量越小。同时，湖区风场对湖体内水流流态和污染物输移转化过程有主驱动作用。因此，雁栖湖水环境容量核算的设计条件包括：湖泊水位、设计出入湖流量、湖区风场和河流入湖水质浓度状况。

（1）湖泊水位。设计水位采用2000—2016年的雁栖湖多年平均水位85.11m，核算水环境容量时保持湖区水位不变。

（2）设计出入湖流量。根据柏崖厂水文站2000—2016年逐日径流量资料，采用三种设计水文条件核算雁栖湖水环境容量：①最枯月均流量作为出入湖水量条件；②75%保证率下的月均流量作为出入湖水量条件；③多年平均流量作为出入湖水量条件。

3种设计水文条件下雁栖湖入湖流量见表4.3-2。

表 4.3-2　　　　　　　3种设计水文条件下雁栖湖入湖流量　　　　　　单位：m^3/s

水文条件	最枯月流量	75%保证率	多年平均流量
入湖流量	0.043	0.103	0.232

（3）设计风场。雁栖湖流域常年主导风向为西南风（SW），次主导风向为东北风（NE）和西南偏南风（SWS）。因此，在对雁栖湖进行水环境容量核算时，设计风向选用常年主导风向西南风，设计风速采用湖区多年平均风速2.23m/s。

（4）水体自净能力。结合雁栖湖水环境数学模型参数率定结果，雁栖湖TP、TN、COD_{Mn}的综合降解系数与内源释放系数取值分别见表4.3-3。

表 4.3-3　　　　　雁栖湖 TP、TN、COD_{Mn} 的综合降解系数与内源释放系数

参　数　名　称	单　　位	参　数　值
TP 综合沉降系数	d^{-1}	0.008
底泥释放 TP 释放系数	$mg/(m^2 \cdot d)$	0.7
TN 综合沉降系数	d^{-1}	0.005
底泥释放 TN 释放系数	$mg/(m^2 \cdot d)$	5
COD_{Mn} 衰减系数	d^{-1}	0.005
底泥释放 COD_{Mn} 释放系数	$mg/(m^2 \cdot d)$	35

4.3.4 雁栖湖水环境容量核算

（1）雁栖湖水环境容量核算方案。基于雁栖湖水环境容量核算的相关边界条件，研究确定了如表4.3-4所示的雁栖湖水环境容量核算方案。

表4.3-4　　　　　　　　　　雁栖湖水环境容量核算方案

水文条件	入湖流量/(m³/s)	水　位	风　向	风速/(m/s)	水质保护目标
最枯月流量	0.043				
75%保证率流量	0.103	85.11	SW	2.23	Ⅲ类
多年平均流量	0.232				

（2）雁栖湖水环境容量核算步骤如下。

首先，研究确定雁栖湖的水质保护目标。

其次，设计雁栖湖水环境容量核算的水文条件和风场条件，利用建立的雁栖湖平面二维水动力学模型，模拟雁栖湖设计条件下的湖区流场分布，作为水环境容量核算的设计湖流条件。

第三，以现状入湖污染负荷量输入雁栖湖水质数学模型，进行湖区空间分布模拟，如果统计得到的全湖区平均水质浓度以及水质监测站点（1号、2号、3号点）均能满足其水质控制浓度要求，则认为现状入湖污染负荷即为雁栖湖最大允许纳污量，即为雁栖湖水环境容量；否则对入湖水质浓度（或污染负荷）进行污染负荷削减，重新输入水质模型进行空间模拟计算，并与控制点水质浓度对比。如此循环，最后计算得到不同设计水文条件下的雁栖湖水环境容量。

（3）雁栖湖水环境容量核算结果。以建立的雁栖湖水环境数学模型为技术手段，根据雁栖湖水环境容量核算方案，研究不同设计水文条件下的雁栖湖水环境容量，其结果见表4.3-5。在不同设计水文条件下，雁栖湖水环境容量差别较大。最枯月流量条件下雁栖湖 TP、TN、COD_{Mn} 3指标的水环境容量分别为0.17t/年、6.24t/年、12.61t/年；75%保证率的设计月均流量下雁栖湖 TP、TN、COD_{Mn} 3指标的水环境容量分别为0.26t/年、8.77t/年、19.81t/年；以多年平均流量作为入湖流量边界核算 TP、TN、COD_{Mn} 指标的雁栖湖水环境容量分别为 0.44t/年、13.17t/年、33.66t/年。

表4.3-5　　　　　　　　　　雁栖湖水环境容量核算成果

水　文　条　件	水　质　指　标	环境容量/(t/年)
最枯月流量	TP	0.17
	TN	6.24
	COD_{Mn}	12.61
75%保证率流量	TP	0.26
	TN	8.77
	COD_{Mn}	19.81

水 文 条 件	水 质 指 标	环境容量/(t/年)
	TP	0.44
多年平均流量	TN	13.17
	COD$_{Mn}$	33.66

4.3.5 雁栖湖入湖污染物总量控制方案

当雁栖湖流域入湖污染物总量大于核算的水环境容量时,雁栖湖湖泊水体就可能存在水质超标风险。因此,从落实最严格水资源管理制度要求出发,为维护湖泊水环境质量安全,降低雁栖湖水体富营养化风险,应以核算的雁栖湖水环境容量作为流域入湖污染物总量控制要求,并结合现状年的入湖污染负荷量情况和污染源解析成果,对超出雁栖湖水环境容量部分的入湖污染负荷制定入湖污染物总量控制与削减方案,从而为雁栖湖流域入湖污染物总量控制提供科学的技术指导。

1. 入湖污染物总量计算

雁栖湖流域入湖污染物主要来自渔场养殖业、旅游人口和常住人口产生的点源污染,以及降雨径流造成的非点源污染。根据 2015—2016 年的入湖水量和水质监测资料,计算并统计得到现状年雁栖湖流域入湖污染物总量见表 4.3-6,其中非点源污染负荷根据降雨径流期间水量与水质监测结果进行计算统计获得。

表 4.3-6 现状年雁栖湖流域入湖污染物总量

污 染 源 类 型	水 质 指 标	入湖污染物总量/(t/年)
	TP	0.79
污染物入湖总量	TN	27.10
	COD$_{Mn}$	34.47
	TP	0.36
非点源污染	TN	17.45
	COD$_{Mn}$	19.26
	TP	0.43
点源污染	TN	9.65
	COD$_{Mn}$	15.21

2. 雁栖湖入湖污染物总量控制与削减方案

按照水环境容量核算的相关规范与导则要求,北方地区水环境容量核算常采用75%保证率设计流量作为设计水文条件,因此基于月均流量 75%保证率条件下的水环境容量可作为雁栖湖入湖点源污染负荷的总量控制依据;多年平均流量设计水文条件下的水环境容量,既包含了点源总量控制要求,同时又对非点源入湖污染负荷提出了总量控制要求。因此,采用 75%保证率设计流量核算的水环境容量对雁栖湖入湖点源污染负荷进行总量控制与削减,采用多年平均流量设计条件核算的水环境容量与

75％保证率设计流量核算的水环境容量之差对雁栖湖流域入湖非点源污染负荷进行总量控制与削减。基于雁栖湖水环境容量计算成果，研究提出了雁栖湖流域入湖污染物总量控制与削减方案，详细结果见表4.3-7。

表 4.3-7　　　　　　　　雁栖湖流域入湖污染物总量控制与削减方案

污染物类型	水质指标	水环境容量/(t/年)	入湖污染物总量/(t/年)	污染物削减比例/％
点源污染	TP	0.26	0.43	39.5
	TN	8.77	9.65	9.1
	COD_{Mn}	19.81	15.21	0
非点源污染	TP	0.18	0.36	50.0
	TN	4.40	17.45	74.8
	COD_{Mn}	13.85	19.26	28.1

基于表4.3-7中不同设计水文条件下核算得到的水环境容量成果，雁栖湖流域点源 TP 和 TN 入湖污染负荷分别需削减 39.5％和 9.1％；非点源 TP、TN 和 COD_{Mn} 入湖污染负荷分别需削减 50.0％、74.8％和 28.1％，其中雨季入湖的非点源负荷中含有大量存储在河道沟渠中的渔场养殖废水排放的 N、P 污染负荷。

3. 雁栖湖入湖污染物总量控制对策

（1）在入湖污染物总量控制与削减方案的基础上，需严格控制渔场养殖规模，加强渔场养殖废污水处理和监管，强化渔场废污水末端治理，严禁渔场养殖废水直排入河。

（2）雁栖湖流域规模化渔场养殖排水增加的污染物负荷约占雁栖河入河污染物总量的80％，因此应重点针对渔场养殖单元进行点源控制与入河污染物总量削减。据现场调查，渔场养殖废污水未经有效处理直接排入河道，故应加强渔场养殖废污水处理设施的日常监管与运行维护，严禁渔场养殖废污水直接排放，并有效提高渔场养殖废污水处理设施的运行效率，同时建议在渔场养殖废水排放口末端增设适当面积的增强型河道滨岸湿地，进一步强化渔场养殖废污水的净化处理效果。

（3）加强河道生态修复与综合治理，控制非点源污染入湖。雁栖河流域规模化渔场养殖废污水中含有大量的颗粒态污染物，入河后大量沉积在河道内和因拦水堰形成的微型塘库内，并在强降雨时段与河道内的植物腐殖质一起随降雨径流进入雁栖湖，逐渐累积并转化为湖泊内源，从而出现枯水期间雁栖湖 TN 远大于上游河道来水的现象。因此，在加强渔场养殖废污水排污控制和末端强化治理的基础上，加强雁栖河神堂峪沟和长园河沟渠的河道生态修复与综合治理，通过拆除部分堰坝减少入河污染物沉淀累积和暂态存储，并利用部分溢流堰塑造雁栖河阶梯形微型塘库湿地生态系统以强化单位河道的生态修复与水体自净能力，最终达到削减与控制入湖污染物总量的效果。

4.4　小结

（1）不同设计水文条件下的雁栖湖水环境容量差异较大。以最枯月流量边界条件核算的雁栖湖水环境容量 TP、TN 和 COD_{Mn} 分别为 0.17t/年、6.24t/年和 12.61t/年；以月均流量 75% 保证率条件核算的雁栖湖水环境容量 TP、TN 和 COD_{Mn} 分别为 0.26t/年、8.77t/年和 19.81t/年；以多年平均流量作为入湖水量边界核算的雁栖湖水环境容量 TP、TN 和 COD_{Mn} 分别为 0.44t/年、13.17t/年和 33.66t/年。

（2）根据雁栖湖流域入湖污染物总量分析计算结果，现状年雁栖湖流域入湖 TP、TN 和 COD_{Mn} 总量分别为 0.79t/年、27.10t/年和 34.47t/年，其中点源入湖总量为 0.43t/年、9.65t/年、15.21t/年，分别占入湖污染负荷总量的 54.4%、35.6% 和 44.1%；非点源入湖总量分别为 0.36t/年、17.45t/年和 19.26t/年，分别占入湖污染负荷总量的 45.6%、64.4% 和 55.9%，其中雨季入湖的非点源负荷中含有大量存储在河道沟渠中的渔场养殖废水排放的 N、P 污染负荷。

（3）基于月均流量 75% 保证率和多年平均流量条件核算得到的水环境容量成果，雁栖湖流域点源入湖污染负荷中 TP 需削减 39.5%，TN 需削减 9.1%，COD_{Mn} 尚有剩余容量，无需削减；非点源入湖污染负荷中因暂态存储了大量渔场养殖废水排放的 N、P 污染负荷，故降雨径流产生的非点源负荷中 TP 需削减 50.0%、TN 需削减 74.8%、COD_{Mn} 需削减 28.1%。

4.4
小
结

第5章

雁栖湖流域水环境承载力研究

5.1 水环境承载力制约因素分析

在可持续发展的经济、社会、资源、环境基本框架中，环境是重要的支撑要素。根据可持续发展的内涵，可以认为，将发展限制于资源和环境的承载能力之内，即保障资源和环境的可持续承载，是保障发展可持续性的前提条件。

水环境是环境系统中最为关键的一个子系统。水既是生命的元素，又是经济发展的重要资源，对人类的生存和发展具有不可替代的地位和作用。水环境的多元价值属性，体现在水环境系统提供生活、生产和生态用水的生命、资源和景观价值；提供上述使用后弃水的容纳场所并进行水流交换和自净修复的环境价值等。因此，水量（资源）、水质（质量）和水生态（生命）是水环境不可分割的三个主要方面。保障水环境承载的可持续性，是保障流域或区域单元经济社会可持续发展的基本前提。

5.1.1 水环境承载现状

伴随着经济社会的快速发展特别是旅游业的持续快速发展和外来旅游人口的急剧增加，雁栖河流域在资源和环境方面承受的压力日益增大。由于在整个流域的旅游资源开发利用过程中缺乏总体规划，旅游资源开发基本上呈无序状态，加之环境保护意识较为薄弱、污染治理相对滞后，雁栖河流域已经出现了水资源短缺和水环境质量逐步变差的严峻问题，是生态清洁小流域建设和管理面临的重大问题，成为制约雁栖湖流域经济社会可持续发展的关键因素，亟待有效解决。

雁栖湖流域总面积128.7km²，按流域出口控制断面（柏崖厂站，上游约100km²）2000—2016年的年均流量统计结果可知，柏崖厂站断面多年平均流量为0.232m³/s，控制断面以上的流域地表径流量约760万m³，流域内人均水资源占有量（约2700m³）相对较为充裕；但如果考虑大量外来旅游人口所需要增加的用水量，则流域水资源总量又略显不足。由于受季风气候影响，雁栖河流域水资源空间分布差异性显著，年内及年际变化很大，其中汛期降雨量可占全年降雨量的70%～80%，枯水期河流水流明显减少，不过目前尚未出现季节性断流的情况。

随着雁栖河流域旅游业和鱼类养殖业的快速发展，为满足流域内各用水单元的生产、生活及景观用水需求，各用水单元随意建闸（堰）蓄水、取用水，同时各用户（包括上下游）之间取排水缺乏合理的度量和统一规划管理，且水资源属无偿免费使用，从而导致流域内水资源滥用和浪费现象严重，河道局部出现"断流（无明显水流）"现象，同时流域水污染也呈自上而下污染态势，加之拦水工程高密度分布，流域水资源开发早已超过了合理利用的程度，由此初步判断，流域水资源、水环境的开发利用早已超过了流域资源、环境可持续承载的最大能力范围。

流域水资源承载力是从流域水资源系统-自然生态系统-社会经济系统的耦合机理上综合分析水资源对地区人口、资源、环境和经济协调发展的支撑能力，它与流域水环境承载能力密切关联，一般而言，水资源短缺的地区，其水环境质量亦相对较差，在雁栖河流域亦为如此。雁栖河流域因旅游业及养殖业过度发展导致的水资源短缺也直接导致了流域水环境质量的下降，并出现目前较为严峻的水环境问题，流域水环境已严重超载，应切实采取有效措施保护流域水环境质量，以实现流域水资源、水环境的可持续发展，为雁栖河流域的生态清洁型建设与保护提供基础和保障。

5.1.2　水环境承载能力制约因素分析

5.1.2.1　水资源制约因素

水资源总量是指流域水循环过程中可更新恢复的地表水与地下水资源总量。水资源总量的确定是水资源承载力研究的基础，是决定流域水资源承载力的关键因素之一。从对水资源数量的影响来看，又可分为增加水资源的因素（如加大地下水的开发利用，发展节水型农业和降水量的增加等）和减少水资源的因素（如经济、社会的快速发展使工业用水加大，人口增多使生活用水量增多及干旱天气的发生等）两种，这些因素不仅与水资源量之间存在着相关关系，而且相互之间耦合关联。

1. 流域水资源可利用量

水资源可利用量是指可以直接提取用于工业、农业及生活的水资源量。从水资源可持续发展的角度来说，水资源可利用量是指在一定的用水结构和开发利用深度下可被开发利用的最大水资源阈值，是水资源承载力计算的基线。水资源可利用量在数值上不易给定，因为该量一方面要保证不挤占生态环境用水，要从水资源总量中扣除不可开采的地下水总量、地表水对地下水的补给量及蒸发量；另一方面该量与水资源的需求关系及相应的水资源配置、地区生产力水平、生产力发展水平、节水潜力、节水技术、社会消费水平及消费结构等因素相关，因为这些因素的变化影响了回水量及回水水质，从而对流域河道内水体产生了不同的影响，使水资源可利用量发生变化。

雁栖河流域多年平均流量为 $0.232m^3/s$，控制断面以上的流域地表径流量约760万 $m^3/$年，流域控制断面以上的常住人口人均水资源占有量为 $2654m^3$，如果不考虑流域外来旅游人口新增用水量及大规模渔场养殖耗水的影响，雁栖河流域水资源量对满足当地的社会经济发展是基本充足的。

2. 流域水资源开发利用程度

为发展京郊农村经济，同时响应党中央、国务院的新农村发展战略，雁栖河流域依托自身的地理位置和资源、环境、区位优势，成功发展了以旅游业为主的产业链条，包括旅游观光、休闲娱乐与度假、餐饮、渔业养殖等项目，从而为雁栖河获得了"雁栖不夜谷""虹鳟鱼养殖一条沟"等美誉，进而吸引来自祖国四面八方甚至国际游客和食客。旅游资源的开发和旅游业的迅猛发展，不仅为雁栖河流域经济发展作出了重大贡献，成为拉动地方经济的支柱产业，同时也为投资者和当地居民带来了丰厚回报。

由于受经济利益驱动，雁栖河流域旅游开发热情持续高涨，加之流域内缺乏对旅游开发的合理统筹规划与管理，旅游资源呈过度而无序开发状态，从而导致目前雁栖河流域水环境出现问题，归纳起来初步分析，主要表现在水资源量过度开发和水环境严重超载两个方面。

长园河和雁栖河共有规模以上渔场 6 家，各渔场供水流量约为 $0.221\mathrm{m}^3/\mathrm{s}$，约占流域出口控制断面流量的 90.2%；如果再加上各餐饮点小型鱼池对流域水资源量的需求，仅各渔场专业养殖和餐饮鱼池用水就已经达到了流域地表水资源可开发利用量的 100%，严重超过了河流水资源适宜的开发利用程度。

雁栖河流域常住人口 1910 人，同时年接待旅客 230 万人次，大量的外来人口增加了流域水资源的用水压力，加之还有耕地（面积约 $84~\mathrm{hm}^2$）作物灌溉需求，故雁栖河流域水资源的现状开发利用程度很高，其水资源重复利用率估计应超过 120%。

5.1.2.2 环境制约因素

1. 水环境

在水资源承载力研究中，水量与水质密不可分，两者必须同时考虑，水资源总量确定包括：变化环境下的水资源总量；跨流域调水所引起的水资源总量的增减；各水利工程建筑物所增加的水资源总量及其控制地域范围与时间范围；丰水期与枯水期水资源总量与水质；水资源的矿化度、埋深条件等质量情况，当前水资源开发利用方式和程度。

根据前述的雁栖河流域水资源开发利用程度分析结果来看，该流域的水资源开发利用已经严重超过了适宜的开发利用程度，流域水资源量已经不能满足本地经济活动的用水需求，从而导致流域水资源的重复利用率增加，入河污染负荷也不断增加，进而导致河道水环境质量不断变差，各种水环境、水生态问题也就随之出现。

雁栖河流域水环境主要受渔场养殖排水及餐饮企业生活排污影响，渔场养殖排水增加的入河污染负荷量是流域水环境污染的主要原因。从流域水环境质量现状来看，雁栖河流域地表水综合水质类别为Ⅲ类，如果考虑下游湖泊富营养化控制需求，将TN纳入评价范围并参照《地表水环境质量标准》（GB 3838—2002）中的湖库水质评价标准，则雁栖河水质类别为劣Ⅴ类，主要超标物为 TN，其次 TP 存在局部时段和局部河段超标现象，而 COD_{Mn} 相对较好。从流域水污染的空间分布情况来看，源头水质相对较好，受污染的程度轻微，而自源头以下，随着渔场养殖及旅游餐饮企业的增多，河道水环境质量呈明显的逐步下降趋势，同时本流域水污染态势也具有明显季节性和周期性污染特征，即夏季污染较重、冬季污染相对较轻，周末及节假日污染相对较重、周一至周四污染相对较轻，排污企业相对较为集中的河段水污染相对较重、污染源较少的河段水质则呈明显好转趋势。

2. 生态环境

就生态来说，首先是维持物种多样性，是区域内保持一定的物种和遗传基因资源，使生物与人类一样享有舒适的生活环境，特别是对于濒危生物要有具体的保护措施。总体而言，在区域内应保持足够的森林、水面、湿地面积，保持一定的地下水位，注意保持河流的连续性、水陆的连续性，防止河道断流及水利工程对生态系统产生不利的影响。生态环境需水是为了维系生态系统生物群落基本生存和一定生态环境质量（或生态建设要求）的最小水资源需求量和基本水质要求，通过对水文循环的影响在相当程度上决定了水资源总量的大小。生态环境需水量包括天然生态保护与人工生态建设所消耗的水量。生态环境需水不但要满足最小水资源量的需要，同时还应满足基本的水质要求。而水体流速与流量、流量与水质又有相互的联系，在生态需水总量计算中需综合考虑。

雁栖河流域由于水资源的过度开发利用，加之排污企业较多，且呈逐步增多趋势，流域水环境及水生态环境呈一定的恶化趋势。同时为满足不同企业生产、生活及景观、娱乐用水需求，流域内河道已经被条块化、阶梯化、池塘化，不仅河流的连续性、水陆的连续性受到不同程度的不利影响，同时河流水动力条件也发生了明显的改变，为雁栖河蓝藻滋生和水华的发生提供了必要的水动力条件。各用水户为满足自身利益的最大化，对"过境"水量尽量利用，导致其下游河道出现大量减少乃至断流现象，危及河道的生态环境安全，并进一步加剧了流域的水污染情势。

3. 景观舒适度

水环境承载力从可持续发展的角度来衡量一个国家或地区的舒适度，即要求定量诊断在统一尺度下能否维持生态环境与经济发展之间的平衡。生态环境舒适度应该在人类生存条件比较安全的基础上，其生态和环境指标能够达到适于人类和其他生物生存的基本标准而呈现不断改善的趋势。环境与发展之间的平衡关系可以通过不同类型的调节和控制，达到在经济发展水平不断提高的同时，也能将环境能力保持在较高的水平上。所谓舒适度是对区域生态环境质量的动态识别。从环境指标来说，首先是污染源得到有效控制，人类产生的污染物总量不能超过相应区域的环境容量，各类有害物质即使通过食物链的富集作用也不应对人类或其他生物产生危害。同时通过建设和管理，能形成优美和谐的自然景观，为人类提供良好的休闲空间。

对雁栖河流域而言，良好的景观舒适度主要包括清洁无害的水环境、良好的湿地河道景观、协调的景观布局等方面。清洁无害的水环境，应以河流水环境容量为总量控制目标，对流域入河污染负荷实施限制排放，以实现流域水环境的良性循环和可持续发展，同时禁止任何有毒有害污染物进入该区域，从而实现流域水环境的清洁和安全。

良好的湿地河道景观，不仅能给人以回归大自然的美的享受，而且可提高河道水体的自然净化能力，保护流域水环境的清洁与安全，同时也为适宜湿地环境的野生动植物生长、繁衍提供良好的栖息地环境，从而实现人和自然的和谐共处。因此，加强河道湿地景观建设，构建多样性的湿地景观环境对流域景观适宜度的提高是非常重要的。

景观布局是影响流域景观舒适度的重要因素之一，目前雁栖河流域旅游资源处于过度开发状态，建筑物过多且布局零乱，给人一种见缝插针的错觉，无法与周围自然形态形成一种协调的美感。

5.1.2.3 社会经济因素

1. 经济规模

水资源承载力的概念很多，综合起来看，都是强调水资源对经济社会和环境的支撑能力。水资源承载力的大小主要取决于两个方面：一方面是水资源系统所支撑的经济社会系统的规模，另一方面是经济社会发展与水资源开发利用模式的协调程度。一般来说，经济社会系统的规模越大、经济社会发展与水资源开发利用模式的协调程度越低，水资源的供给压力越大。而在社会经济系统规模向水资源能承载的最大规模发展过程中，由于不同阶段社会经济发展与水资源开发利用模式的不同选择，导致水资源系统与经济社会系统的协调程度具有可调控性，从而导致水资源承载力也具有可调控性。即使经济社会系统规模不断增加，只要通过政策、技术、管理等各种手段，将水资源系统与经济社会系统之间的摩擦系数减小到一定程度，也可以促使单位水资源支撑更多的社会经济活动，从而加快经济社会发展的进程。对应第二方面，如果随着经济社会系统规模的不断增加，粗放的经济社会发展与水资源开发利用模式将导致水资源系统与经济社会系统之间的摩擦系数不断增加，则支撑经济社会发展的水资源供给压力将持续增大，这将极大地制约经济社会发展的速度，导致经济社会系统在特定时期内达不到预期规模，这也在一定程度上减弱了水资源对经济社会发展的支撑能力。可见，水资源承载力的存在，加强了水资源系统与社会经济系统的负反馈特性，能够使系统达到并保持平衡或稳定状态。水资源承载力总是与一定的社会经济发展水平相联系，是水资源系统作用于经济社会系统的负作用力。

水资源承载能力除受自然生态资源影响外，更多地受到许多社会因素如社会经济状况、国家方针政策（包括水政策、管理水平）和社会协调发展机制的影响和制约。对于雁栖河流域而言，水资源量是雁栖河流域生态经济系统演化的主要限制因子之一，但在当前水资源总量限制条件下，流域水资源承载能力又与其经济结构、经济规模、管理水平与方式、上下游协调发展机制等密切相关，且受上述经济行为和管理手段的影响和制约。综合分析起来，主要表现在以下几个方面：

（1）经济结构。雁栖河流域以旅游业为导向，大力发展餐饮、休闲娱乐及渔场养殖等，由于渔业养殖的虹鳟鱼、金鳟鱼及鲟鱼均为冷水鱼类，需生活在流水、低温环境，且水质要求相对较高，因此渔场排水无法循环利用，故渔场养殖对水资源量占用很多，从而制约了自身规模的发展，同时也影响了其他需水产业的发展。

（2）经济规模。由于雁栖河流域经济结构存在诸多不合理性，水资源量被渔场养殖大量占用，加之服务于旅游业的餐饮企业无序发展，导致在当前经济规模尚不大的情况下，流域水资源及水环境均超过了自身能够承载的最大限度，从而导致流域水环境的严重恶化。

（3）管理水平。由于流域内水资源尚处于无偿使用阶段，加之企业盲目追求企业利益的最大化，从而导致流域水资源被滥用、浪费现象严重，从而削弱了单位水资源可承载的社会经济活动能力。

（4）上下游协调发展机制。同样是由于缺乏合理的水资源管理及上下游合理使用分配机制，导致处于源头区的企业用洁净水，而自上而下的沿岸企业及居民则只能使用上游经过污染的"过境"水或尽可能开发未经污染的地下水或经过河道及滨河湿地净化的径流，从而造成雁栖河流域水环境质量呈现自上而下逐渐变差的趋势。

2. 产业结构

产业结构是一个地区承载力的综合表现，因为在一定的产业结构下，才能认定同样的土地面积，同样的经济总量所能容纳的资金总量。通常地区发展限于困境，或者发展不足，很大程度是因为产业结构过于依赖资源。而转换产业结构，需要在地区发展新型产业，在北京郊区以发展旅游业为主的山区小流域，今后以保护原生态为目标的城市边缘地区，发展新型产业是唯一可行的对策。因此必须调整现有的旅游业产业结构，发展资源节约型、集约化、科技含量高的规模化生态化产业模式。发展一种新型的产业模式，不仅要有利于利用和保护自然资源，减少对环境的污染与破坏，避免掠夺式开发和经营，促进生态系统良性循环，而且能大大提高劳动生产率、资源利用率及区域生态系统承载力，充分合理地利用、保护和增殖自然资源，加速物质循环与能量转化，少投入，多产出。根据北京郊区山区小流域建设的总体目标和要求，应用循环经济、资源节约型、产业集群、新产业区、点轴模式等理论，以地区经济社会基础、资源和区域优势、科技进步等为前提，进行雁栖河流域资源供给需求分析，经济物质代谢对外界依赖度分析，以及经济转型后的资源利用模式情景分析，构建地区经济资源消耗密度评价和资源节约型经济评价指标体系，确定雁栖河流域未来生态型经济发展目标，优化产业结构，探讨生态产业园区的组织模式以及生态产业的发展路径，最终建立基于生态承载力和生态安全的地区产业集群发展战略与模式。

水资源、水环境是制约雁栖河流域经济发展的主要限制因素，因此，在雁栖河流域应限制耗水、排污量大的产业发展，同时还要加大排污单元的污废水处理力度，确保流域入河污染负荷总量控制在流域水体环境容量之内，实现流域水资源、水环境、水生态的可持续发展。具体而言，一方面，就是要限制渔场养殖规模，科学合理喂养，减少渔场养殖对流域水资源的占用，并加大渔场养殖排水的治理，降低并减少渔场排污负荷及其对河流水环境的污染压力；另一方面，合理控制旅游企业的发展规模，提高集约化经营模式，尽量避免无序、零星开发，同时加大旅游企业排污处理力度，并加强污水处理效果监管，以减少并降低餐饮业开发对流域水环境的危害。

3. 交通能力

可持续发展是社会、经济、生态三者的持续协调发展，目标是改善人类居住区的社会、经济和环境；改善居民的居住工作环境和生活质量，这一目标需要通过多种途径的努力才能有效地实现。作为基础设施重要组成部分的交通系统对这一目标产生多方面的作用：引导作用，对区域社会经济空间形态发展的引导；支持作用，提供区域空间的基本支撑框架；保障作用，对于地震等灾害的救援来说，交通网络是最基本的生命线。正因为如此，应需要根据可持续发展战略的要求，对交通系统的发展建设目标加以必要的调整。

北京郊区小流域发展旅游产业，使旅游人口增多，机动车使用量也日益增加，在"机动化"发展初期，人们对于使用汽车的热情空前高涨，对于汽车的使用趋向于无节制、不合理。为了满足小汽车日益膨胀的需求，地区不断拓宽路面，增加停车位供给。这种基于单纯满足机动车发展的理念和行动损害了地区的整体效率，在加重环境污染的同时，地区交通状况更加恶化，旅游中心地带的综合可达性和环境舒适度下降，丧失了应有的功能和活力。供需平衡是现代化城市交通发展的基本目标。但是，在城市机动化发展的初期，面对城市道路的拥挤，人们首先想到的是增加道路供给量来满足交通需求。但是，道路供给量的增加进一步激发更大规模的汽车需求量，城市交通总是趋于超饱和的状态。受城市空间资源的约束，城市不可能无限制地提高道路通行能力和服务设施的配给水平，交通设施供给量的增加又不能最终改善城市交通，城市交通状况与交通设施的投入之间缺乏预期的弹性，城市发展陷入僵局。城市交通研究开始转换视角，着眼于通过对交通需求的引导和控制来解决交通问题，交通需求管理（TDM）开始成为交通研究和管理实践的热点。交通需求管理是指通过调整用地布局、控制土地开发强度、改变客货运输时空布局、改变人们的交通出行观念和行为方式来缓解城市交通拥挤的一系列管理措施。

针对雁栖河流域而言，由于受地形条件、可开辟的停车位数量等自然因素限制，加之外来旅游时段及人口分布相对比较集中，导致旅游黄金季节和旅游高峰时段道路交通始终是处于超饱和状态，道路堵塞、车行缓慢成为常态，从而成为制约雁栖河流域旅游业进一步发展的限制性因素之一。

5.1.2.4 自然灾害因素

1. 洪水

城市化是社会发展的必然过程，不适当的人类活动和环境的恶化导致洪水灾害的增长，掠夺性的垦殖加重了洪水灾害、水资源紧缺、生态环境恶化等诸多水问题，因此，地区的建设与发展应遵循自然规律，预防水灾害的同时充分利用洪水资源，保持经济的可持续发展。洪水资源利用是水资源时空分配不均衡与水资源供需矛盾突出条件下产生的，洪水在造成淹没、冲刷、侵蚀等灾害的同时，也是重要的淡水资源、生态资源、肥力资源和动力资源。洪水在防洪安全范围内并无危害性，一般水质较好，还可能带来上游的大量营养元素，在一定程度上可以缓解北京郊区小流域的水资源危机，但关键在于对洪水有效合理地开发利用。在洪水资源开发利用过程中，既要因地制宜采取不同的措施，也要遵循一定的原则，力求达到低风险、高效率的目标。

为模拟雁栖河局地暴雨洪水对流域河道行洪安全及其旅游开发的影响，本研究建立了一套从 DEM 数据提取模型模拟所需的地形信息，直接用降水过程作为输入，采用内含简化水文过程的二维水动力学模型（二维集总模型）估算流域局地暴雨的洪水过程与低洼地的洪水淹没过程的模型系统。根据雁栖河流域及其附近雨量站八道河、枣树林及北台上三个站 2005 年 8 月 15 日的一次实际降雨过程，以出口站柏崖厂实际观测最大洪峰流量与模型模拟最大洪峰流量差最小为控制，率定了模型的降雨产流系数、河道糙率等参数。

设计暴雨雨型采用雁栖河流域内八道河雨量站"2015年8月15日流域的一次实际降雨历时过程"（图5.1-1），但采用历史同期较大雨量（145mm）进行放大，使降雨总量达到145mm，并同时假设该降雨过程为流域的面降雨过程。另外模型在出口边界两个单元给定一组假设的水位—流量关系。整个计算时间以min计，计算开始时间取为降雨开始时间。降雨过程采用0.5h的间隔数据，单位为mm/h。本次模拟共计算12h，计算区域的径流系数取模型率定的值。

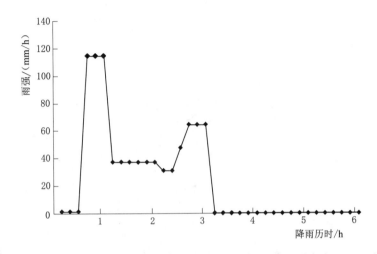

图5.1-1　假设的雁栖河流域降雨历时过程（最大1h降雨强度为115mm/h；
降雨历时为3.0h；总降雨量为145.0mm）

本模型基于推定的暴雨过程，模拟了雁栖河流域的局地暴雨洪水过程（图5.1-2）及洪水的淹没分布情况。流域出口处的最大流量为140m³/s。雁栖河流域低洼地最大水深接近2.5m，淹没历时1～3h。本次主要的淹没范围集中在河道两旁50～200m内。

从模型模拟结果看，Site 2与Site 5处的最大流量差不多，均为70m³/s左右。本研究采用谢才公式，基于Site 2、Site 5处的实际断面，估算了两处的水深。Site 2处的洪水水深大致在2.8m左右，Site 5处的在2.4m左右。由于两处河道中均有拦河堰，且有桥等壅水建筑物，因此估算的洪水水深有可能还会偏小。从两处模拟与分析结果看，洪水均会漫上两岸，淹没沿岸鱼池及餐饮点，造成财产损失。

对于流域内更多的鱼池及餐饮点而言，结合洪水淹没情况及图5.1-2的洪水过程线，沿雁栖河密布的许多餐饮点及鱼池，均会遭受不同程度的洪水袭击。因此，适当控制餐饮点及鱼池数目，停止侵占河道修建餐饮点及鱼池，拓宽、疏浚河道以维持必要的过洪能力，对于流域的洪水灾害控制是必需的。小流域的新农村建设、流域的开发与发展，也应当将洪水风险作为一个制约因素，加以考虑。

2. 滑坡、泥石流

泥石流又称山洪泥流或者泥石洪流，是一种含有大量泥石块等固体物质成分、突然暴发、历时短暂、来势凶猛、具有强大破坏力的特殊洪流。由于植被破坏、径流改

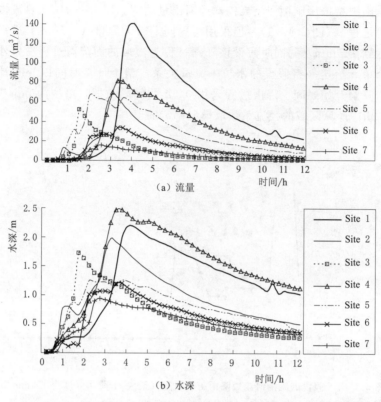

图 5.1-2 雁栖河流域各控制点洪水流量及水深过程图

变，土壤乃至地质结构受到影响，一遇暴雨，极易形成山体滑坡和泥石流，造成山洪灾害。滑坡、泥石流等灾害除了冲毁房屋、道路、电力、通信等设施外，也将破坏农田、水塘、水凼、水库等水利设施，严重的还会影响航运，使河道断流。水土流失的首要后果是使枯水季节水量减少，严重的是水源枯竭，河道断流，具体表现在 3 个方面：①使土壤蓄水量减少。土壤颗粒间的空隙占土壤总体积的 30%～50%，空隙是水存在的空间，是涵养水源的关键，由于土壤随水而去，贮水空间就随之丧失，土壤的蓄水量也因此减少，从水文角度讲，增强了径流的年内变化，使洪水季节水更多，枯水季节水更少。②水土流失使得水塘、水凼、水库、湖泊、河道等发生淤积，蓄水容积减小，蓄水量也相应减少，也同样使汛期水更多，枯季水更少。因此，水土流失容易造成涝灾。③由于洪水增大，发生次数增加，表层土壤以泥沙形式进入水体，水体中含沙量增加，增加了水的浊度。同时，流失的土壤中含有大量的有机质及残存的农药、肥料等物质，这些物质随土壤一起进入水体，使水体的面源污染加大。水土流失越严重，进入水体的污染物就越多，水污染越严重。如前所述，水土流失使水库、湖泊、河道等发生淤积，同时，枯水季节水量减少，因此，造成水体的稀释自净能力下降，水环境容量减少，水污染速度加快。水土流失危害十分严重，影响水资源的利用，在某种程度上讲，是流域可持续发展的首要环境问题。只有确保水资源和水利工程的可持续利用，才能保障经济、人口、资源、环境的协调发展。

怀柔山区泥石流分布范围很广，1994年对怀柔区境内山区和半山区1894.3km²的面积进行了调查，对391条荒溪进行了分类，其中强泥石流荒溪2条，占总荒溪的0.512%，面积30.2km²；泥石流荒溪23条，占总荒溪的5.88%，面积为217.8km²。25条泥石流荒溪均遍布山区。雁栖河流域主要的自然灾害包括因小频率洪水引起淹没、滑坡或泥石流等，近几十年来共发生过2次山洪泥石流，分别发生在1972年和1991年。1972年7月27日，暴雨造成的泥石流发生在雁栖镇北湾村碾盘洼，泥石流发生在郝土荣、郝土墙两户房子的上游，房屋和集中在两家的避险人员无一幸免；泥石流直泻而下，挟带着直径达3m的巨石，从沟里向沟外冲去，所过之处，耕地树木一扫而光，对该区域造成了严重的灾害。

为确保雁栖河流域的旅游环境安全，应结合怀柔区泥石流沟分布情况和雁栖河流域泥石流分布情况，并根据其中的危险级别，应避免在这些高危险区域进行旅游资源开发利用活动。

5.2　河流水体自净能力研究

受污染水体依靠自身的物理、化学、生物作用使水质向原有状态恢复的功能称为水体自净作用。河流中的水体对有限的污染具有自我净化的能力，当排入河流中的污染负荷量不超过河流的自净能力时，河流本身经过物理、化学和生物净化过程，水质可以逐步恢复到污染前的状态；但当排污量超过河流的自身净化能力时，河流便不能全部消化这些污染物，从而导致排入河流中的污染物出现累积，并造成河流水质污染。河流自净能力是评判河流可以容纳污染负荷量的标准，同时也是估算河流水环境承载能力的关键参数之一。

根据近年来对雁栖河流域内的长园河、神堂峪沟及汇合口以下的雁栖河干流多次现场考察，从长园河莲花池村段至长园河下游花苑湖度假村段，沿途不断有各类餐饮点（垂钓园、度假村、休闲俱乐部等）的餐饮废水、生活用水及渔场养殖废污水排入河道内，导致河流水质受到较为严重的污染。但是受到污染的水体在河道内经过一段距离的流动后，水体水质得到不同程度的改善，同时继续被下游沿岸用水单元使用，从而使得长园河水质呈沿程波动变化趋势。据此判断，长园河及神堂峪沟自身均具有较强的水体自净能力。

5.2.1　水体自净能力研究的典型河段

为尽量避免入河污染负荷对研究河段自净能力的影响，典型河段选取应尽量避免有大的、集中式的且无法准确量化的污染源进入，河段流量可以监测或估算，同时所在河段要具有较好的代表性和典型性。根据长园河自身特点，并结合典型河段选取要求，本研究选取长元村下至金太阳上断面之间约900m长的河段作为典型河段进行河流自净能力研究。

典型河段上段分布有4座拦水堰（图5.2-1），河床基本为沙底且有大量的鹅卵石（或其他石块）分布（图5.2-2）；河段下段水生植被良好（图5.2-3）。该河段基本没有大的污染源汇入，同时涵盖了长园河基本的环境特点和水流变化特征，代表性较好。

图 5.2 - 1　典型河段上段中的拦水堰之一

图 5.2 - 2　典型河段上段河道环境现状

图 5.2 - 3　典型河段下段河道环境现状

图 5.2 - 4　长元村下测流断面

5.2.2　典型河段流量计算及水质监测

5.2.2.1　典型河段流量计算

典型河段测流断面设立在长元村下（图 5.2 - 4）。该测流断面为矩形宽顶堰，堰顶宽 1.4m，上游堰高 0.41m。根据自净实验期间的监测结果，堰顶水深 0.12m。根据实用堰溢流公式：

$$Q = mb(2g)^{\frac{1}{2}} H_0^{\frac{3}{2}}$$

式中：m 为实用剖面堰的流量系数；b 为堰顶宽，m；g 为重力加速度；H_0 为堰顶水深，m。

通用的矩形薄壁堰流量系数 m_0 多采用巴赞（Bazin）经验公式计算：

$$m_0 = \left(0.405 + \frac{0.0027}{H_0}\right)\left[1 + 0.55\left(\frac{H}{H_0 + P}\right)^2\right]$$

式中：H 为堰顶水深，m；P 为上游堰高，m。

可得，典型河段流量为 0.113m³/s。

5.2.2.2 水质采样与监测

在对典型河段测流的同时，布设了上下游断面进行水质采样与室内分析，结果见表5.2－1。受河流自净作用影响，TP、TN呈一定的改善效果，而COD_{Mn}下断面浓度却高于上断面浓度，主要是由于在该河段区间内新增入河污染物量超过了本河段的水体自净能力。由此也说明该河段水体对TN、TP净化量也大于表5.2－1中上下断面中两者各自的浓度差值，但由于该区间的入河污染负荷量很难量化，所以在典型河段水体自净能力计算时忽略这部分污染物的影响，这对整个河段纳污能力计算和水环境承载能力核算都是偏安全的。由于雁栖河流域COD_{Mn}满足Ⅰ～Ⅱ类标准，故这里均以TP、TN为研究重点，不对COD_{Mn}指标做深入研究。

表5.2－1　　　　　　　　　典型河段上下游断面水质化验结果　　　　　　　单位：mg/L

河段名	断　面	水质指标		
		TN	TP	COD_{Mn}
长元村—金太阳河段	上	3.86	0.36	2.42
	下	3.61	0.33	2.58

5.2.3 水体自净能力

5.2.3.1 典型河段水力停留时间推求

1．无堰时典型河段的水力停留时间

为推求长元村—金太阳河段的水流流速，根据该区间河段的河道形态、地形高差，将该河段简化为底宽3m、长900m、坡降为1.67‰（上下断面高差为15m）的矩形顺直河道，采用谢才系数和曼宁公式推求该矩形顺直河道的水流流速，进而获得水流通过该典型河段的过流时间。

典型河段水流流量为0.113m³/s，利用明渠均匀流水力计算的基本公式计算得到概化后的矩形顺直河段的水流流速为0.416m/s，故该水流通过该矩形顺直河道的时间约为2160s。

2．典型河段内堰的影响

为获取拦水堰对典型河段水流过流时间的影响，在典型河段内选取了其中一个水面面积较小的拦水堰进行了现场原型观测（图5.2－5）。该堰宽25m左右，回水长度约80m，堰前水深不到1m。本试验通过在拦水堰回水区上游投放许多易随水漂移的浮漂并同时计时，统计通过拦水堰进入堰下游的浮漂所需的时间（取多个时间的平均值）。本次现场试验选取的是泡沫体，由于泡沫体易随水带动，但同时也易受风的影响，所以试验结果不是很成功（经过将近3h仍无泡

图5.2－5　典型河段拦水堰阻水效果原型观测

沫通过拦水堰进入下游)。但该次试验也有力说明了在河道上筑堰对水流过流时间影响是非常显著的。

根据水力停留时间计算公式:

$$T = \frac{V}{Q}$$

式中：T 为水力停留时间，s；V 为池塘的库容，m^3；Q 为入库流量，m^3/s。

该河段流量为 0.113 m^3/s，如果平均水深按 0.3m 计，拦水堰以上库容为 600m^3，则其水力停留时间约为 5487s（约 1.52h）。结合通过数值模拟技术模拟筑堰对如何让污染迁移扩散影响的研究成果可知，通过水力停留时间计算公式获得的成果是基本可信的。

该典型河段共有堰 4 座，假设每座堰的阻水效果基本相当时，该河段水流受拦水堰阻水影响将使通过该河段的水力停留时间延长 21950s 左右（约 6.1h）。

3. 典型河段水力停留时间

在矩形顺直河道的水力停留时间（约 2160s）基础上，叠加 4 个拦水堰对水流的水力停留时间的影响，从而可得到在某一流量条件下水流通过该河段的水力停留时间，故在来流量为 0.113 m^3/s 的条件下，该水流通过典型河段的水力停留时间约为 24110s（约 6.7h）。

5.2.3.2　典型河段水体自净能力

根据河段上下断面监测的 TN、TP 资料，并利用公式:

$$L_B = L_A e^{-Kt}$$

推求得到水体综合自净系数为

$$K = t \ln\left(\frac{L_A}{L_B}\right)$$

式中：K 为水体综合自净系数，d^{-1}；L_A 为上断面水质浓度，mg/L；L_B 为下断面水质浓度，mg/L；t 为水力停留时间，d。

分别将 TN、TP 上下断面的水质及水力停留时间代入水体综合自净系数公式可得 TN、TP 两指标的自净系数分别为

$$K_{TN} = 0.24 \ d^{-1}$$
$$K_{TP} = 0.31 \ d^{-1}$$

5.3　污染源负荷对水质控制断面的贡献率分析

在各污染排放单元等量排放污染负荷的条件下，由于各污染排放单元距离出口控制断面存在较大的差异，加之受河道坡降、拦水堰影响叠加等因素综合影响，从而导致距离出口控制断面越近的排污口，其对出口控制断面的水质超标贡献率就越大，如长园河花苑湖度假村排污对出口控制断面的水质贡献率高达 0.959；反之，如排污单元距离控制断面越远，则其对出口控制断面的水质超标贡献率就越小，如长园河莲花村排污的贡献率仅为 0.18～0.27。TP、TN 稍有差异，但总的变化趋势是完全一致

的。长园河、神堂峪沟各污染源对出口控制断面水质的贡献率分别见表5.3-1和表5.3-2。

表5.3-1　　　　　长园河各污染源对出口控制断面水质的贡献率表

序号	污染源名称	堰个数（自下而上）	与汇合口的距离/m	高程/m	坡降	流速/(m/s)	时间/s（无堰）	时间/s（加堰）	TP贡献率	TN贡献率
1	莲花村	66	0	332						
2	祁连山庄	64	200	320	0.058	0.606	330	14730	0.179	0.264
3	莲花山庄	62	400	311	0.047	0.569	351	14751	0.188	0.275
4	山中传奇	60	600	301	0.051	0.579	345	14745	0.199	0.286
5	金麒麟	58	713	298	0.024	0.462	245	14645	0.209	0.298
6	清水泉	56	827	290	0.071	0.640	177	14577	0.221	0.310
7	巴克公社	54	940	288	0.018	0.422	269	14669	0.233	0.323
8	恒泉俱乐部	52	1160	282	0.027	0.482	457	14857	0.245	0.337
9	城厚	50	1380	271	0.050	0.580	379	14779	0.259	0.351
10	卧龙山庄	48	1600	267	0.018	0.425	518	14918	0.273	0.366
11	柳泉李家庄	46	1750	263	0.027	0.476	315	14715	0.288	0.381
12	劳模山庄	44	1900	258	0.035	0.521	288	14688	0.303	0.397
13	悠南山水	42	2000	253	0.047	0.568	176	14576	0.320	0.413
14	绿野山庄	40	2100	251	0.016	0.407	246	14646	0.337	0.431
15	泰莲庭	38	2300	247	0.022	0.450	444	14844	0.355	0.448
16	那里	36	2500	238	0.046	0.563	355	14755	0.374	0.467
17	山吧	34	2900	226	0.029	0.492	813	15213	0.395	0.487
18	宝罗山庄	32	3167	220	0.023	0.452	590	14990	0.417	0.508
19	孟家坳	30	3433	209	0.041	0.542	492	7692	0.440	0.529
20	圣园	29	3700	207	0.007	0.323	825	15225	0.452	0.541
21	山水百和	27	4250	192	0.027	0.475	1157	8357	0.478	0.564
22	长元村	26	4800	181	0.021	0.440	1249	66049	0.492	0.578
23	金太阳	17	5920	158	0.018	0.479	1754	23354	0.624	0.694
24	风情山水	14	6480	151	0.013	0.342	2456	16856	0.678	0.740
25	李家寨	12	7040	137	0.024	0.464	1207	22807	0.720	0.776
26	长园001号渔场	9	7600	126	0.020	0.432	1296	15696	0.778	0.827
27	莲音阁	7	7850	122	0.016	0.407	614	7814	0.827	0.863
28	永香园	6	8100	119	0.012	0.374	668	15068	0.851	0.882
29	金万生鱼池	4	8350	114	0.020	0.436	573	14973	0.898	0.920
30	花苑湖	2	8600	110	0.016	0.407	614	15014	0.948	0.959
	累积时间/s						19203	480003		
	累积时间/h						5.33	133.33		

序号	污染源名称	堰个数（自下而上）	距源头的距离/m	高程/m	坡降	流速/(m/s)	时间/s（无堰）	时间/s（加堰）	TP贡献率	TN贡献率
1	源头	35	0	223						
2	神堂饭店	33	330	216	0.021	0.297	1112	15512	0.946	0.958
3	石片村	31	450	212	0.033	0.344	349	14749	0.897	0.919
4	山天聚友	28	600	206	0.040	0.364	412	22012	0.829	0.865
5	山野度假村	26	1020	196	0.024	0.310	1356	15756	0.783	0.828
6	五道河村	24	1300	192	0.014	0.265	1059	15459	0.741	0.793
7	仙翁	21	1650	185	0.020	0.297	1180	22780	0.683	0.744
8	潮岭渔村	20	2750	169	0.015	0.267	4121	11321	0.656	0.721
9	官地村	18	3559	158	0.014	0.261	3095	17495	0.616	0.687
10	官地人家	16	4000	151	0.016	0.275	1602	16002	0.582	0.657
11	河丰裕	15	4200	148.7	0.012	0.249	802	8002	0.565	0.643
12	九曲听琴	13	4250	148	0.014	0.262	191	14591	0.536	0.617
13	康裕发垂钓园	12	5000	136	0.016	0.276	2714	9914	0.518	0.601
14	山泉谷	9	5180	133	0.017	0.282	638	22238	0.478	0.565
15	神堂峪新村	7	5950	123.5	0.016	0.252	3054	17454	0.449	0.538
16	龙驿山庄	5	6150	121	0.013	0.254	788	15188	0.425	0.516
17	太公垂钓	3	6750	114	0.012	0.248	2417	16817	0.400	0.492
18	神龙湾垂钓园	1	7000	111	0.012	0.252	993	15393	0.379	0.471
19	得悦泉	0	7300	107	0.013	0.259	1159	8359	0.367	0.461
	累积时间/s						27044	279044		
	累积时间/h						7.51	77.51		

综上，单从流域出口控制断面水质达标来进行管理，无法兼顾长园河、神堂峪沟及汇合口以下的雁栖河干流河段各排污单元的公平性，同时也缺乏其合理性和可操作性。所以本研究以各污染源入河排污口所在河道的位置作为水质控制断面，要求各河段水质均满足给定的水质目标要求，从而可实现雁栖河流域区域间和上下游的协调发展，实现小流域内水生态环境的可持续发展。

5.4　分段水质目标约束下雁栖河纳污能力计算

5.4.1　小型河流纳污能力计算的简化模式

雁栖河属典型的小型河流，纳污能力可采用《水域纳污能力计算规程》（GB/T 25173—2010）中推荐的河流纳污能力计算一维模型求解。小型河流纳污能力主要包括水体稀释能力和水体自净能力两部分，其中小型河段水体稀释能力计算公式为

$$W_{稀释} = Q \times (C_{标} - C_{上断面}) \qquad (5.4-1)$$

式中：$W_{稀释}$为河段水体稀释能力，g/s；Q为河段流量，m^3/s；$C_{标}$为河段的目标水质浓度，mg/L；$C_{上断面}$为河段上断面水质浓度，mg/L。

小型河段水体综合自净能力计算模式为

$$W_{自净} = QC_0[1 - e^{-kx/(86400u)}] \qquad (5.4-2)$$

式中：$W_{自净}$为河段水体综合自净能力，g/s；Q为河段流量，m^3/s；C_0为河段上断面的初始浓度值，mg/L；k为水体综合自净系数，d^{-1}；x为河段长度，m；u为河段的水流流速，m/s。

当河段上游来水水质好于分段水质保护目标［即式（5.4-1）中的$C_{标} > C_{上断面}$］时，该河段才有稀释容量。对于雁栖河水污染情势相对较重的河流而言，稀释容量一般只存在于源头区河段，源头区以下河段一般均只能利用该河段的水体自净容量。

5.4.2 水质目标的确定

雁栖湖流域水质目标的确定需要综合考虑3个方面的因素：

（1）水功能区划目标要求。根据雁栖湖流域水功能区划要求，雁栖河流域出口断面水质应满足《地表水环境质量标准》（GB 3838—2002）中的Ⅲ类标准，同时考虑流域内居民傍河取水以及地下水源也来自于上游河道水补给的密切关联，故流域内各控制断面水质也应满足Ⅲ类标准。

（2）阶梯形池塘富营养化控制水质要求。雁栖河流域内各河道均建成数量众多的拦水堰，从而在河道上形成了规模大小不等的水塘，使河流水体流态出现阶梯微型塘库化，为微型池塘类水域"水华"现象的发生提供了水动力条件。因此，在池塘型水域水动力条件无法得到有效改善的条件下，河道水质按Ⅲ类标准进行控制（特别是TP，控制浓度为0.2mg/L），阶梯形池塘的"水华"现象就无法得到有效遏制，故河道TP的水质目标应适当从严控制。

（3）结合源头来水水质，合理确定流域内的河道水质控制目标。从莲花池及神堂峪的源头水质采样化验结果分析来看，莲花池村源头水（采样地点为莲花池渔场的泉眼水源）的TN为1.12mg/L［超过《地表水环境质量标准》（GB 3838—2002）中的湖库Ⅲ类水质标准］，且很难对源头水施加人为影响以使其达标，故在确定河道水质控制目标时，对源头水超过水功能区划目标要求的指标，以源头水实际的水质浓度控制；对源头水满足水功能区划目标要求的指标，以水功能区划目标要求控制。

综上所述，莲花池流域出口控制断面及流域内各控制断面的水质保护目标确定为：在适量拆除拦水堰的情况下，TP、TN 2指标的水质保护目标分别为0.1mg/L、1.12 mg/L。

5.4.3 分段水质目标约束条件下雁栖河纳污能力计算

根据小型河段水体纳污能力计算公式可知，各计算河段纳污能力由上游来水流量、上游来水水质浓度、水质保护目标、水体综合自净系数及水流通过该河段的水力停留时间共同确定。在分段水质目标约束及水体综合自净系数不变的条件下，对各分河段而言，其纳污能力差异主要受水力停留时间影响较大；而对整条小河流而言，主要受流量控制，因此，选择合适的来流条件对长园河和神堂峪沟纳污能力计算至关重要。

根据雁栖湖流域出口控制站——柏崖厂站 2000—2016 年逐月流量资料统计结果，最枯月平均流量值约为 0.11m³/s。同时根据 Mike 11 降雨径流模型（NAM）的模拟结果可知长园河和雁栖河（神堂峪沟）的来流量比为 7∶4，故在长园河和神堂峪沟两条河纳污能力计算中分别采用 0.07m³/s、0.04 m³/s 作为长园河、神堂峪沟纳污能力计算的设计来流条件。

5.4.3.1　长园河纳污能力计算

在长园河设计来流条件（0.07m³/s）下，为使长园河各排污单元河段上游来水水质均满足给定的Ⅲ类水质目标要求，长园河及各控制河段纳污能力计算见表 5.4-1。由表 5.4-1 中的结果可知，在给定的设计水情和水质保护目标条件下，长园河 TP、TN 的日最大纳污能力分别为 1.4532kg/d、8.8506kg/d；年最大纳污能力分别为 530.36kg/年、3230.52kg/年。

表 5.4-1　　　　　　　　　　长园河及各控制河段纳污能力计算结果

河段序号	河 段 名 称	日最大纳污能力/(kg/d)		年最大纳污能力/(kg/年)	
		TP	TN	TP	TN
1	莲花村—祁连山庄	0.4547	0.2732	165.96	99.71
2	祁连山庄—莲花山庄	0.0493	0.2736	17.99	99.88
3	莲花山庄—山中传奇	0.0314	0.2735	11.44	99.82
4	山中传奇—金麒麟	0.0311	0.2712	11.35	99.00
5	金麒麟—清水泉	0.0309	0.2696	11.28	98.41
6	清水泉—巴克公社	0.0312	0.2718	11.37	99.21
7	巴克公社—恒泉俱乐部	0.0316	0.2761	11.55	100.77
8	恒泉俱乐部—城厚	0.0314	0.2743	11.48	100.13
9	城厚—卧龙山庄	0.0318	0.2774	11.61	101.27
10	卧龙山庄—柳泉李家庄	0.0313	0.2728	11.42	99.58
11	柳泉李家庄—劳模山庄	0.0312	0.2722	11.39	99.35
12	劳模山庄—悠南山水	0.0309	0.2696	11.28	98.42
13	悠南山水—绿野山庄	0.0311	0.2712	11.35	99.00
14	绿野山庄—泰莲庭	0.0316	0.2757	11.54	100.64
15	泰莲庭—那里	0.0314	0.2737	11.45	99.91
16	那里—山吧	0.0326	0.2842	11.89	103.72
17	山吧—宝罗山庄	0.0320	0.2791	11.68	101.87
18	宝罗山庄—孟家坳	0.0167	0.1457	6.11	53.17
19	孟家坳—圣园	0.0326	0.2845	11.90	103.84
20	圣园—山水百和	0.0185	0.1612	6.76	58.83

河段序号	河 段 名 称	日最大纳污能力/(kg/d)		年最大纳污能力/(kg/年)	
		TP	TN	TP	TN
21	山水百和—长元村	0.1282	1.1404	46.78	416.26
22	长元村—金太阳/山顶巴	0.0496	0.4338	18.09	158.33
23	金太阳—风情山水	0.0368	0.3216	13.44	117.39
24	风情山水—李家寨	0.0482	0.4216	17.58	153.87
25	李家寨—长园001号渔场	0.0338	0.2949	12.33	107.63
26	长园001号渔场—莲音阁	0.0171	0.1485	6.23	54.19
27	莲音阁—永香园	0.0322	0.2809	11.75	102.52
28	永香园—金万生鱼池	0.0319	0.2787	11.66	101.73
29	金万生鱼池—花苑湖	0.0321	0.2796	11.70	102.07
	长园河	1.4532	8.8506	530.36	3230.52

从长园河纳污能力的沿程分布上来看，除长园河源头区河段 TP 指标及长元村所在河段纳污能力相对较大外，其余各河段纳污能力基本相当。长元村源头河段 TP 指标容量较大主要是由于该河段分配有一定的稀释容量外，其余各河段均无稀释容量；长元村河段纳污能力较大主要是由于该河段线路较长且拦水堰较多，导致该河段水力停留时间大大延长而增加了水体自净的时间所致。

5.4.3.2 神堂峪沟纳污能力计算

在雁栖河神堂峪沟设计来流条件（0.04m³/s）下，为使各排污单元河段上游来水水质均满足给定的Ⅲ类水质目标要求，雁栖河及各控制河段的最大纳污能力计算结果见表 5.4-2。由表 5.4-2 中的计算结果可知，在给定的设计水情和水质保护目标条件下，雁栖河神堂峪沟 TP、TN 的日最大纳污能力分别为 0.5483kg/d、3.5710kg/d；年最大纳污能力分别为 200.16kg/年、1303.45kg/年。

表 5.4-2　　　　雁栖河及各控制河段的最大纳污能力计算结果

河段序号	河 段 名 称	日最大纳污能力/(kg/d)		年最大纳污能力/(kg/年)	
		TP	TN	TP	TN
1	源头—神堂饭店	0.2312	0.8021	84.38	292.77
2	神堂饭店—石片村	0.0178	0.1554	6.50	56.71
3	石片村—山天聚友	0.0262	0.2296	9.58	83.80
4	山天聚友—山野度假村	0.0190	0.1658	6.93	60.50
5	山野度假村—五道河村	0.0186	0.1627	6.81	59.38
6	五道河村—仙翁	0.0271	0.2373	9.90	86.63
7	仙翁—潮岭渔村	0.0138	0.1198	5.02	43.74
8	潮岭渔村—官地村	0.0210	0.1836	7.67	67.02

河段序号	河 段 名 称	日最大纳污能力/(kg/d)		年最大纳污能力/(kg/年)	
		TP	TN	TP	TN
9	官地村—官地人家	0.0193	0.1683	7.04	61.43
10	官地人家—河丰裕	0.0098	0.0851	3.57	31.06
11	河丰裕—九曲听琴	0.0176	0.1537	6.43	56.12
12	九曲听琴—康裕发垂钓园	0.0121	0.1051	4.41	38.38
13	康裕发垂钓园—山泉谷	0.0265	0.2319	9.67	84.63
14	山泉谷—神堂裕新村	0.0210	0.1832	7.66	66.86
15	神堂裕新村—龙驿山庄	0.0183	0.1599	6.69	58.37
16	龙驿山庄—太公垂钓	0.0202	0.1767	7.39	64.48
17	太公垂钓—神龙湾垂钓园	0.0186	0.1620	6.78	59.14
18	神龙湾垂钓园—得悦泉	0.0102	0.0888	3.73	32.43
	神堂裕	0.5483	3.5710	200.16	1303.45

5.5 雁栖湖流域适宜承载度研究

5.5.1 适宜承载度影响因素识别

雁栖湖流域适宜承载度是指以雁栖湖流域水体纳污能力为约束条件，在满足流域内本地居民生产生活及现有用水、排污功能的前提下，适宜承载外来的旅游人口规模的大小。目前影响流域承纳外来旅游人口的因素主要表现为流域内现有污染源排污对纳污河流有限的水环境容量占用，其中规模化渔场养殖污染源影响最为突出。

渔场是长园河乃至雁栖河流域内最主要的污染源，年排污量约占全流域污染排放单元排污总量的80%，因此，规模化渔场养殖是影响雁栖河流域适宜承载度的首要制约因素。从长园河渔场污染源负荷排放量与所在纳污河道的纳污能力对比来看（长园河内各渔场年排入河道的 TP、TN 负荷分别约为 1011.07kg/年、5392.35kg/年，而长园河 TP、TN 两指标的纳污能力分别为 530.36kg/年、3230.52kg/年），规模化渔场养殖排污已经严重超过了所在河道的水体纳污能力，故如果不对现有的渔场养殖废污水进行有效治理与大幅度削减，则长园河已无承载外来旅游人口的能力，即无承载规模之说。

除规模化渔场养殖之外，本地居民日常生产生活也将占用有限的水环境容量。如上述计算结果可知，包括长园河、神堂峪沟在内的雁栖河流域共有常住人口 1910 人，民俗接待年排入河道的 TP、TN 负荷量分别为 82.45kg/年、975.81kg/年，挤占了河道水体的部分水环境容量，在不考虑渔场污染源排污占用水体纳污容量的条件下，长园河和雁栖河 TP、TN 可供外来旅游人口分配的纳污容量分别为 648.10kg/年、3558.17kg/年。

单位旅游人口排污贡献率也是影响流域适宜承载度的重要因素之一，该因素主要受流域旅游业发展水平、企业管理水平、旅游发展的集约化程度、污水处理效率等因素及环节的影响与控制。总之，在相同的水体纳污能力条件下，单位旅游人口排污贡献率越高，则表明雁栖河流域适宜承载的外来旅游人口规模就较小；反之，随着单位旅游人口排污贡献率的逐步降低，可在保证水资源开发与水生态环境发展相协调的同时，逐步提高雁栖河流域旅游开发的适宜承载规模。

5.5.2 不考虑渔场影响下的雁栖河流域适宜承载规模

5.5.2.1 可供旅游资源开发可分配的纳污容量

雁栖河流域旅游人口承载规模总体上受流域水环境承载能力的制约，而水环境承载能力受流域自身水资源量的控制，同时与本地人口排污、旅游产业发展水平、旅游产业总体规划及布局等因素密切关联。对雁栖河流域而言，旅游资源开发，只能在流域水环境承载能力的范围内，扣除本地居民生产生活排污占用的水环境容量后在剩余的环境容量内进行合理开发，才能保证流域内水环境质量不受污染，才能保证流域水生态环境清洁。目前，雁栖河流域内水质污染问题较为突出，雁栖湖发生水体富营养化风险较大，这是流域旅游资源过度开发的直接体现。

根据雁栖河流域水体纳污能力计算成果，在长园河不利来流设计条件（0.07m³/s）下，该小流域 TP、TN 的日最大纳污能力分别为 1.45kg/d、8.85kg/d，年最大纳污能力分别为 530.36kg/年、3230.52kg/年，在不考虑流域内规模化渔场养殖排水影响并扣除流域内本地居民日常生产生活排污占用的一部分纳污容量（TP 为 0.17kg/d、60.23kg/年；TN 为 1.95kg/d、712.79kg/年）后，可供外来旅游人口分配的 TP、TN 日最大纳污容量分别为 1.28kg/d、6.90kg/d，年最大纳污容量分别为 470.15kg/年、2517.73kg/年（表 5.5-1）。

表 5.5-1　　　　　　长园河外来旅游人口可分配的水体纳污容量

长园河纳污能力分配	纳污能力分配成果/(kg/d)		纳污能力分配成果/(kg/年)	
	TP	TN	TP	TN
纳污能力总量	1.45	8.85	530.36	3230.52
本地人口	0.17	1.95	60.23	712.79
外来旅游人口	1.28	6.90	470.15	2517.73

在雁栖河神堂峪沟不利来流设计条件（0.04m³/s）下，该小流域 TP、TN 的日最大纳污能力分别为 0.55kg/d、3.57kg/d，年最大纳污能力分别为 200.17kg/年、1303.44kg/年，在不考虑流域内规模化渔场养殖排水影响并扣除流域内本地人口日常生产生活排污占用的一部分纳污容量（TP 为 0.06kg/d、22.22kg/年；TN 为 0.72kg/d、263.00kg/年）后，可供外来旅游人口分配的 TP、TN 日最大纳污容量分别为 0.49kg/d、2.85kg/d，年最大纳污容量分别为 177.95kg/年、1040.45kg/年（表 5.5-2）。

表 5.5-2   雁栖河神堂峪沟外来旅游人口可分配的水体纳污容量

雁栖河纳污能力分配	纳污能力分配成果/(kg/d)		纳污能力分配成果/(kg/年)	
	TP	TN	TP	TN
纳污能力总量	0.55	3.57	200.16	1303.45
本地人口	0.06	0.72	22.22	263.00
外来旅游人口	0.49	2.85	177.95	1040.44

5.5.2.2 雁栖河流域可承载的旅游人口规模

在不考虑规模化渔场养殖排污挤占长园河流域水体纳污容量的前提条件下，依据长园河单位旅游人口排污增加的入河污染负荷量，再结合长园河、雁栖河神堂峪沟可供外来旅游人口分配的水体纳污容量，可计算得到长园河、雁栖河神堂峪沟小流域日和年最大可承载的旅游人口规模（表 5.5-3 和表 5.5-4），其中年最大承载规模按年内 144 个节假日的日最大接待规模统计得到。

表 5.5-3   雁栖河流域可承载的旅游人口规模（日最大承载能力）

小流域名称	可供外来旅游人口分配的纳污能力/(kg/d)		单位旅游人次入河污染负荷增量/[kg/(万人次)]		适宜承载的旅游人口规模/(万人/d)		
	TN	TP	TN	TP	TN	TP	承载规模
长园河	6.90	1.28	4.23	0.82	1.63	1.56	1.56
神堂峪沟	2.85	0.49			0.67	0.60	0.60
合计	9.75	1.77			2.30	2.16	2.16

表 5.5-4   雁栖河流域可承载的旅游人口规模（年最大承载能力）

小流域名称	可供外来旅游人口分配的纳污能力/(kg/年)		单位旅游人次入河污染负荷增量/[kg/(万人次)]		适宜承载的旅游人口规模/(万人次/年)		
	TN	TP	TN	TP	TN	TP	承载规模
长园河	2517.73	470.15	4.23	0.82	235	225	225
神堂峪沟	1040.44	177.95			96	86	86
合计	3558.17	648.10			331	211	311

由表 5.5-3 和表 5.5-4 中的计算结果可知，在不考虑规模化渔场养殖排污挤占有限的水环境容量条件下，长园河当前日最大接待规模应以 1.56 万人为宜，神堂峪沟日最大接待规模应以 0.60 万人为宜，雁栖河流域内日接待旅游人口规模也应以 2.16 万人为宜，同时年内适宜接待规模也不应超过 311 万人次。

5.5.3 考虑规模化渔场养殖影响的流域适宜承载规模

规模化渔场养殖是雁栖河流域内最主要的污染来源，也是导致流域内水质污染，乃至近些年来水质快速变差的首要因素，如果渔场排水增加的入河污染负荷量得不到有效治理与控制，雁栖河流域旅游业的发展将进一步加剧流域水污染情势向继续恶化的趋势发展，因此，加大渔场养殖排水污染负荷治理、减少渔场养殖排水的入河污染物总量是维持和持续发展雁栖河流域旅游业的先决条件。

根据对长园河水体纳污能力研究结果可知，在不利来流条件（0.07m³/s）下，可供长园河流域旅游业（包括配套产业如渔场、养殖场等）发展分配的TP、TN日最大纳污能力为1.28kg/d、6.90kg/d，而长园河各渔场因排水而增加的TP、TN入河污染负荷分别为2.77kg/d、14.77kg/d，规模化渔场养殖逐日排放的TP、TN负荷量已分别超过河道水体最大纳污能力的116.41%、114.06%，因此，规模化渔场养殖排污至少应削减55%以上才有可能满足雁栖河流域内有一定规模的旅游业开展。

为模拟分析规模化渔场养殖排污负荷变化对雁栖河流域适宜承载度的影响，设计了渔场排污负荷分别削减55%、60%、65%等3种工况，分析规模化渔场养殖排污负荷单因子变化对长园河流域可承载的旅游人口规模的影响，其结果见表5.5-5。

表5.5-5　　考虑规模化渔场养殖排污不同治理水平下长园河可承载的旅游人口规模

类　　别		TP	TN
日最大纳污能力/(kg/d)		1.28	6.90
渔场排污能力/(kg/d)	削减55%	1.25	6.65
	削减60%	1.11	5.91
	削减65%	0.97	5.17
可供旅游业开发的日最大纳污能力/(kg/d)	渔场排污削减55%	0.03	0.25
	渔场排污削减60%	0.17	0.99
	渔场排污削减65%	0.31	1.73
适宜承载的旅游人口规模/(万人/d)	渔场排污削减55%	0.04	0.06
	渔场排污削减60%	0.21	0.23
	渔场排污削减65%	0.38	0.41

由表5.5-5中的结果可知，在长园河规模化渔场养殖排水入河污染负荷减少55%时，长园河流域TP、TN可供外来旅游人口分配的水体纳污容量仅为0.03kg/d、0.25kg/d，长园河流域适宜承载的旅游人口规模为0.04万人/d；当长园河规模化渔场养殖排污负荷减少60%时，可供外来旅游人口占用的水体纳污容量增加明显，TP、TN可供外来旅游人口分配的纳污容量分别为0.17kg/d、0.99kg/d，此时长园河流域适宜承载的旅游人口规模约为0.21万人/d；当规模化渔场养殖排污负荷削减65%以上时，流域可供外来旅游人口分配的水体纳污能力增加幅度较大，此时流域适宜承载的旅游人口规模约为0.38万人/d。由此可见，规模化渔场养殖排污治理水平是长园河流域适宜承载度的首要制约因素。

5.5.4　考虑污染源综合治理影响的流域适宜承载规模

根据对雁栖河流域内主要污染源及其入河污染负荷量组成特性分析结果表明，规模化渔场养殖排水携带的入河污染负荷约占雁栖河流域总污染物入河量的80%，是流域内最主要的污染来源；其次是餐饮企业排污负荷，约占总入河负荷量的15%；相比较而言，民俗接待排污负荷所占比重最小，约占总入河负荷量的5%。因此，从提高雁栖河流域适宜承载规模角度考虑，雁栖河流域污染源综合治理的重点是规模化渔场养殖排污负荷，其次是服务于外来游客的大型餐饮企业。从目前雁栖河流域污染综合治理情况来看，生活污染源治理已基本完成，下一步治理的重点将放在规模化渔场养殖排水负荷治理与监管方面。

5.5.4.1 长园河治污潜能充分发挥后的适宜承载规模

根据雁栖河流域各生活污水处理设施进出水水质检测数据报告成果（北京市水保总站提供）表明，COD去除率超过90%，NH_3-N去除率亦达到90%以上，动植物油去除率接近50%，悬浮物去除率超过60%，由此说明流域内安装的生活污水处理设备具有较高的污水处理效果。为模拟分析流域内生活污染源（包括自然村日常生活污水排放）治理对流域旅游规模适宜承载度的影响，并充分考虑规模化渔场养殖排污因素的制约及流域内生活污水处理设施运行中可能出现的不利情况，设计了生活污染源削减50%、75%、90%及规模化渔场养殖污染负荷削减50%、60%、70%、80%等多种组合工况（表5.5-6）。根据表5.5-6中的长园河各类污染源综合治理效果工况，分析得到长园河不同污染源治理方案下的流域适宜承载规模变化情况（表5.5-7）。

表5.5-6　　　　　　　　　　雁栖河流域污染源综合治理组合工况设计

方　案　编　号	渔场污染源治理效果	生活污染源治理效果
1		削减50%
2	削减50%	削减75%
3		削减90%
4		削减50%
5	削减60%	削减75%
6		削减90%
7		削减50%
8	削减70%	削减75%
9		削减90%
10		削减50%
11	削减80%	削减75%
12		削减90%

表5.5-7　　　　　　　　长园河治污潜能充分发挥后的流域适宜承载规模

方案编号	污染源治理效果工况		可供外来旅游人口分配的纳污容量/(kg/d)		适宜承载的旅游人口规模/(万人/d)		
	渔场负荷	生活污染负荷	TP	TN	TP	TN	承载规模
1		削减50%	0.003	—			0
2	削减50%	削减75%	0.155	—			0
3		削减90%	0.246	—			0

方案编号	污染源治理效果工况		可供外来旅游人口分配的纳污容量/(kg/d)		适宜承载的旅游人口规模/(万人/d)		
	渔场负荷	生活污染负荷	TP	TN	TP	TN	承载规模
4	削减60%	削减50%	0.233	—			0
5		削减75%	0.384	0.308	0.47	0.07	0.07
6		削减90%	0.475	1.033	0.58	0.24	0.24
7	削减70%	削减50%	0.462	0.933	0.56	0.22	0.22
8		削减75%	0.614	2.141	0.75	0.51	0.51
9		削减90%	0.705	2.866	0.86	0.68	0.68
10	削减80%	削减50%	0.691	2.767	0.84	0.65	0.65
11		削减75%	0.843	3.975	1.03	0.94	0.94
12		削减90%	0.934	4.700	1.14	1.11	1.11

由表 5.5 - 8 中的结果可知，长园河在现状的入河污染负荷条件下，为满足流域水环境质量保护目标要求，长园河各渔场污染负荷必须削减 60% 以上，且小流域内各生活污水处理设施必须正常运行使其出水污染负荷削减 75% 以上。从表 5.5 - 8 中结果也可以看出，雁栖湖流域内生活污水处理设施的正常运行和良好的污水处理效率对提高流域适宜承载规模的影响是比较显著的。当长园河小流域内各规模化渔场养殖排水入河负荷削减 80% 且流域内各生活污水处理设施均正常运行并达到 90% 的污染负荷去除效率时，长园河适宜承载的外来旅游人口将达到 1.11 万人/d。

5.5.4.2 神堂峪沟治污潜能充分发挥后的适宜承载规模

雁栖河河道自景区出口至花苑湖出口长约 8km，其间无专业的渔场养殖，区间主要污染来源为常住居民日常排污、民俗接待排水及各种类型的餐饮、娱乐排污等。从对长园河各类污染来源组成比例来看，常住居民、民俗接待及专业餐饮、旅游服务等企业间断、分散式排污对河道水体的影响远小于规模化渔场养殖持续、大量排污影响，加之雁栖河神堂峪沟内旅游开展相对长园河而言较为分散，且游客相对较少，同时河道形态较为复杂，水生及湿生植被发育良好，水体自净能力较强，故雁栖河神堂峪沟的总体水环境质量较长园河好。根据对雁栖河神堂峪沟 3 个断面的水质监测化验结果（表 5.5 - 8）可知，雁栖河神堂峪沟水质总体较好，满足《地表水环境质量标准》（GB 3838—2002）Ⅲ类标准。

表 5.5 - 8　　　　　　　　雁栖河水质现状调查　　　　　　　　单位：mg/L

采 样 点	COD_{Mn}	TP	TN
神堂峪沟出口	2.10	0.026	1.082
仙翁下 50m	2.17	0.004	1.012
潮岭渔村堰旁	2.49	0.018	0.765

从雁栖河神堂峪沟水体纳污能力计算结果来看，雁栖河神堂峪沟 TP、TN 的日最大纳污能力分别为 0.55kg/d、3.57kg/d，所以根据外来旅游人口单位旅游人次入河污染负荷增量关系核算，在考虑常住人口的排污负荷分别削减 50%、75%、90% 3 种工况下，雁栖河神堂峪沟可最大承载的旅游人口为 0.63 万～0.66 万人/d。详细计算结果见表 5.5-9。

表 5.5-9   雁栖河神堂峪沟污染源综合治理效果后的流域适宜承载规模

方案编号	生活污染负荷	可供外来旅游人口分配的纳污能力/(kg/d)		适宜承载的旅游人口规模/(万人/d)		
		TP	TN	TP	TN	承载规模
1	削减 50%	0.520	3.210	0.63	0.76	0.63
2	削减 75%	0.535	3.390	0.65	0.80	0.65
3	削减 90%	0.544	3.498	0.66	0.83	0.66

综合长园河、雁栖河神堂峪沟污染源综合治理后的日最大纳污容量可知，在充分发挥流域水污染综合治理潜能的条件下，雁栖湖流域日最大可承载外来旅游人口规模约 1.77 万人/d，年可接待旅游人口规模 255 万人次/年。

5.6   小结

（1）综合考虑雁栖湖流域水功能区划目标、阶梯形河道和下游雁栖湖水体富营养化控制以及源头水水质现状等因素，将长园河、神堂峪沟出口控制断面及流域内各控制断面的 TP、TN 水质保护目标确定为 0.10mg/L 和 1.12 mg/L。

（2）在雁栖河流域不利来流条件（0.11m³/s）下，为使长园河、神堂峪沟各排污单元河段上游来水水质均满足给定的水质目标要求，流域 TP、TN 的日最大纳污能力分别为 2.00kg/d、12.42kg/d，其年最大纳污能力分别为 730.54kg/年、4533.96kg/年。其中长园河 TP、TN 的日最大纳污能力分别为 1.45kg/d、8.85kg/d，其年最大纳污能力分别为 530.38kg/年、3230.52kg/年；神堂峪沟 TP、TN 的日最大纳污能力分别为 0.55kg/d、3.57kg/d，其年最大纳污能力分别为 200.17kg/年、1303.44kg/年。

（3）长园河本地居民日常生产生活排放 TP、TN 负荷占用的纳污容量分别为 0.17kg/d、1.95kg/d，可供外来旅游人口分配的 TP、TN 日最大纳污容量分别为 1.28kg/d、6.90kg/d，年最大纳污容量分别为 470.15kg/年、2517.73kg/年。神堂峪沟本地人口日常生产生活排放 TP、TN 负荷占用的纳污容量分别为 0.06kg/d、0.72kg/d，可供外来旅游人口分配的 TP、TN 日最大纳污容量分别为 0.49kg/d、2.85kg/d，年最大纳污容量分别为 177.95kg/年、1040.44kg/年。

（4）外来旅游人口 TP、TN 排污贡献率分别为 0.82kg/万人次、4.23kg/万人次。在不考虑流域内规模化渔场养殖排污占用水体环境容量的前提下，雁栖河流域日最大接待规模应以 2.16 万人为宜，其中长园河日最大接待规模应以 1.56 万人为宜，神堂峪沟日最大接待规模应以 0.60 万人为宜，同时雁栖河流域内年适宜接待规模也不应超过 311 万人次。

（5）规模化渔场养殖排污是流域适宜承载度的首要制约因素。在考虑渔场排污影响下，如果渔场排污负荷削减率少于 50%，则雁栖河流域没有剩余水环境容量承载外来旅游人口排污，否则流域水环境容量将超标，并导致水污染问题等；如果渔场排污入河负荷削减 55% 及以上时，流域可承载旅游人口规模为 0.04 万人/d；当流域渔场排污负荷削减 60% 及以上时，此时流域适宜承载的旅游人口规模约为 0.21 万人/d；当渔场排污负荷削减 65% 及以上时，流域适宜承载的旅游人口规模约为 0.38 万人/d。

（6）在充分考虑长园河、神堂峪沟污染源综合治污潜能条件下，雁栖河流域日最大可承载外来旅游人口规模约 1.77 万人/d，年可接待旅游人口规模 255 万人次/年，其中长园河最大日承载规模为 1.11 万人，神堂峪沟最大日接待规模为 0.66 万人。

雁栖湖生态发展示范区水生态文明
建设评价与对策建议

6.1 水生态文明概念与内涵

2012年,《山东省水生态文明城市评价标准》(DB37/T 2172—2012)中首次明确指出,水生态文明是指人们在改造客观物质世界的同时,以科学发展观为指导,遵循人、水、社会和谐发展客观规律,积极改善和优化人与人之间的关系,建设有序的水生态运行机制和良好的水生态环境所取得的物质、精神、制度方面成果的总和。之后,关于水生态文明内涵的研究,不同学者在不同时期对于不同的研究区域有着不同的见解。王文柯(2012)提出的水生态文明以科学发展观为指导,遵循人、水、社会和谐发展客观规律,以水定需、量水而行、因水制宜,推动经济社会发展与水资源和水环境承载力相协调,建设永续的水资源保障、完整的水生态体系和先进的水科技文化所取得的物质、精神、制度方面成果的总和。唐克旺(2013)提出的水生态文明是人类在保护水生态系统、实现人水和谐发展方面创造的物质和精神财富的总和。左其亭等(2014)提出的水生态文明是指人类遵循人水和谐理念,以实现水资源可持续利用,支撑经济社会和谐发展,保障生态系统良性循环为主题的人水和谐文化伦理形态,是生态文明的重要部分和基础内容。陈进(2013)提出,水生态文明应强调以人为本,人与自然和谐,主要体现在保障人类防洪安全和用水安全基础上,同时维持水生态系统良好。王建华等(2013)提出,水生态文明建设的内涵应包括水生态的认知文明、水生态的制度文明、水生态系统相关的行为文明和水生态本身的物理载体文明等四个方面的内容。马建华(2013)提出的水生态文明是指人类在处理与水的关系时应达到的文明程度,是指人类社会与水和谐共处、良性互动的状态。黄茁(2013)认为水生态文明与社会、经济、文化及价值判断等密切相关。董玲燕等(2015)提出水生态文明是以水为载体的生态文明内容,其基本内涵主要体现在经济社会系统与水系统和谐状态。丁惠君等(2014)将水生态文明的内涵归纳为"文明化"和"文明态"六个字,人类对水生态系统做到了文明化,同时,水生态系统本身呈现出文明态,才能构成水生态文明的社会。

通过以上关于水生态文明内涵的论述，都存在一些共同的特征，主要包括：

（1）指导思想：科学发展观。

（2）核心内容：人水和谐。

（3）追求目标：生态文明。

（4）建设内容：水生态的认知、制度、行为以及物理载体文明等。

（5）和谐发展内容：社会、经济、文化及价值判断等。

根据以上判断总结，本书将流域水生态文明的内涵归纳为以科学发展观为指导思想，以水生态系统的文明化建设为核心，包括安全、环境、生态、景观、文化及管理等诸多方面的建设，达到人水和谐的生态文明发展目标。

6.2 示范区水生态文明建设评价指标体系

6.2.1 水生态文明建设评价指标体系

6.2.1.1 国外水生态文明评价指标体系研究

随着淡水资源的日益短缺、水资源利用不均、水环境污染加重、水生态破坏加重等突出问题的不断出现，基于生态安全、生态文明等理念，人类逐渐把目光聚焦到水生态文明。国外率先提出生态文明理念，并以城市为研究对象逐步开展城市水生态文明建设研究（张瀚颐，2014）。随着工业化城市化的不断推进，城市逐渐出现水资源、水环境、水生态等问题，这严重阻碍了城市文明的发展，许多国家开始探索构建"人、水、城"和谐共生的发展模式，由此打开了探索城市水生态文明建设的道路。对于在水要素基础上发展的城市，国际上已探索出田园城市、公园城市、生态城市等多种模式，提出建设水生态文明城市，如瑞典斯德哥尔摩哈马碧生态城的建设、多伦多城市湖滨地带的再开发以及美国德州圣安东尼奥河的成功整治。

国外对于流域水生态文明的研究多集中于流域水生态环境保护方面，实践研究主要从流域统一管理、水生态环境规划及立法、生态补偿等方面进行，同时也进行了大量的河湖生态治理、湿地生态功能修复等研究（Leigh et al.，2013；Styers et al.，2010），但更加侧重于立法和经济调控，可有效提高水资源管理，对我国水资源管理具有借鉴意义，但是其并未将经济、社会、生态等作为一个整体进行研究，也未形成完整的流域水生态文明评价指标体系。

欧美等发达国家对水生态方面研究较早且取得了丰硕的成果。在河湖水生态系统健康方面，Boon 等（2001）提出了英国河流健康评价指标体系——河流保护评价系统；澳大利亚学者通过 5 个方面的指标进行河流健康评价（Ladson et al.，1999；Bain et al.，2000）。Karr（1999）在评价河流健康时用到 IBI 方法，结果理想并推动了该评价方法在河流健康评价中的应用。河湖水生态系统研究不断推进，且研究成果相继出现，Ofenvironment（2002）将其定义为最优状态。AN 等（2003）将其定义为完整性，Vugteveen 等（2006）将其定义为具备生态和服务功能的水生态系统。在水生态安全方面，美国国家环保局对水资源和水环境安全建立了相对应的指标体系，并作为生态风险评价、管理及修复的依据和综合指标（Fox et al.，2001）。南太平洋应用地球科学委员会（SOPAC）构建了一套针对水资源与水环境脆弱性的评价指标体系，并在实际应用中得到验证（Alexander，2001）；欧洲的部分国家部门构建了针对不同地理差异的环境压力指标体系，并得到了推广应用。

国外对于城市水生态文明建设及评价研究较早，且形成一定的发展模式及评价指标体系，对于我国城市水生态文明建设及评价具有重要的借鉴参考意义，但是关于流域水生态文明评价指标体系的研究还不完善，多是从水生态环境问题等方面进行研究，研究早且取得了一定程度的研究成果，但是并未能将其作为一个整体进行研究，因此可借鉴其水生态指标体系的研究成果，对我国流域水生态文明评价中的指标评价具有一定的启示作用。

6.2.1.2　国内水生态文明评价指标体系研究

2013 年，水利部《关于加快推进水生态文明建设工作的意见》（水资源〔2013〕1 号）中给出了水生态文明建设的指导思想："以科学发展观为指导，全面贯彻党的十八大关于生态文明建设战略部署，把生态文明理念融入到水资源开发、利用、治理、配置、节约、保护的各方面和水利规划、建设、管理的各环节，坚持节约优先、保护优先和自然恢复为主的方针，以落实最严格水资源管理制度为核心，通过优化水资源配置、加强水资源节约保护、实施水生态综合治理、加强制度建设等措施，大力推进水生态文明建设，完善水生态保护格局，实现水资源可持续利用，提高生态文明水平。"

关于水生态文明建设评价体系，国内不同学者也有着不同的见解，且作为生态文明的重要组成部分和基础保障，水生态文明建设的重要性与迫切性日益凸显。目前，我国学者主要从全国、城市及流域三个层面进行水生态文明建设评价指标体系的研究。

1. 全国层面的水生态文明指标体系研究

对于全国层面的水生态文明指标体系的探讨和研究，2013 年唐克旺提出了我国不同地区的水生态文明多层评价指标体系，主要通过不同的自然经济社会特点，进行分级评价，该指标体系得到了大多学者的认可。尤其是在咸宁市、文山州、玉溪市及郑州市水生态文明建设评价指标体系的建立中得到了很好的实践，具有强有力的说服力，在本书中将其作为各层次水生态文明建设评价指标体系的一个参照标准（图 6.2-1），该指标体系由水生态和社会经济 2 个系统、6 个对象、20 项指标共三个层次组成，且引入了弹性分级评分系统。

同一年，黄苗等在党的十八大思想指导下，通过对水生态文明内涵的深度分析，提出了一套完整的水生态文明指标体系，并已得到许多学者的引用，主要应用于郑州市和江西省的水生态文明评价中，该指标体系得到了实践应用的检验，可以作为全国性的水生态文明评价指标体系的一个重要参照标准（图 6.2-2），该系统由水资源、生态系统、社会指标和经济指标 4 个系统共 22 项指标构成。

2013 年是水生态文明研究较为集中的时期，王建华等在已有相关研究工作的基础上，开展了各系统的评价指标筛选，明确了各项指标的具体计算方法，结合水生态文明评价的基本条件和特色性指标，提出了一套较为完整的水生态文明评价体系，在

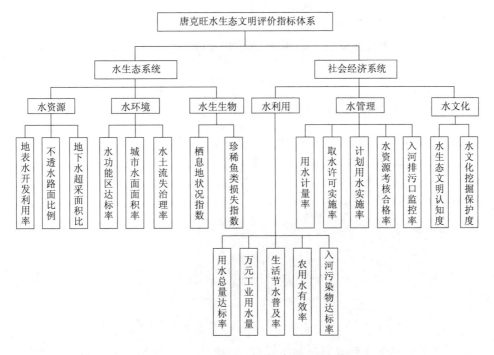

图 6.2-1 唐克旺提出的水生态文明建设评价指标体系

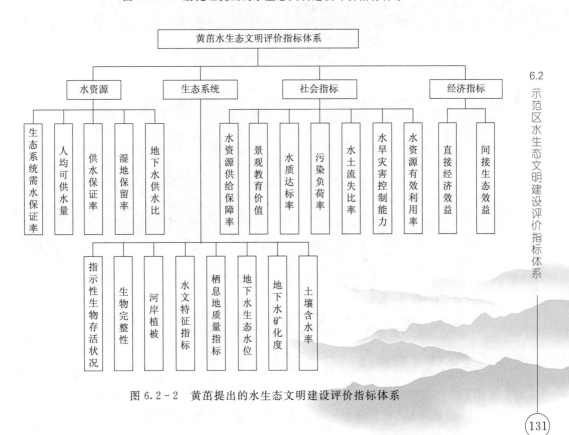

图 6.2-2 黄苗提出的水生态文明建设评价指标体系

咸宁市、玉溪市及郑州市的水生态文明评价指标体系研究中得到应用，也得到了国内一些学者的认可，可作为其中的一个重要参考标准（图6.2-3），该系统是由水生态、水供用、水管理及水文化4个系统25项指标构成。

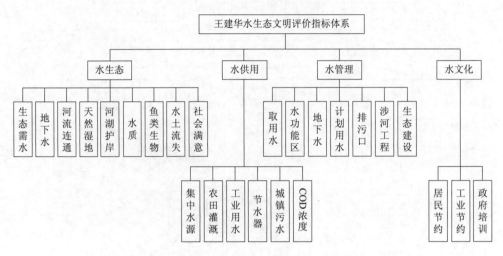

图6.2-3　王建华等提出的水生态文明建设评价指标体系

2015年，左其亭等综合我国基本国情、水情及水生态文明发展现状，在认真分析其概念、内涵及其建设目标的基础上，提出由8个系统18项指标构成的水生态文明建设评价体系，本书认为其可以作为一个重要参考标准（图6.2-4）。

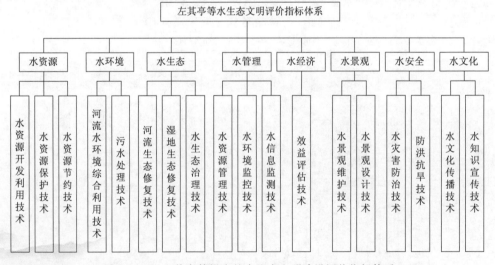

图6.2-4　左其亭等提出的水生态文明建设评价指标体系

2.城市层面的水生态文明指标体系研究

对于城市层面的水生态文明指标体系探讨和研究，山东省的水生态文明建设在研究中是不可或缺的。山东省率先出台了《山东省水生态文明城市评价标准》（DB37/T 2172—2012），颁布了一套适合济南市的水生态文明指标体系，是我国第一个发布省级水生态文明城市评价标准的城市；该指标体系不仅参考了我国的文明城市、环保模范城市及园林城市所创建的一些评价指标，同时也严格遵守国家的相关标准，具有科学性、合理性及规范性，本书将其作为城市层面水生态文明指标体系的一套重要参考标准（图6.2-5），该体系由水资源、水生态、水景观、水工程和水管理5个系统15个对象23项指标构成。

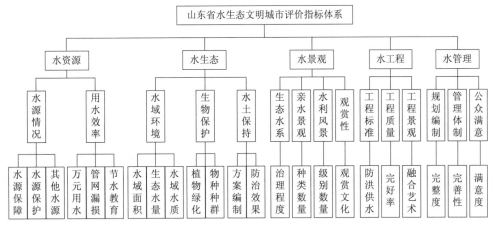

图6.2-5 山东省水生态文明城市评价指标体系

随后许多地区也开始开展水生态文明城市的相关研究，尤其是在水生态文明研究大发展的2013年。白丽在系统分析水资源变化状况后，提出发展建设水生态文明城市的建议和意见；蔡建平等归纳总结了山东省水生态文明城市建设的先进做法和启示，提出并探讨安徽省水生态文明建设的工作思路；陈新美等在分析邯郸市基本条件的基础上，提出建设水生态文明城市的具体措施；张曰良提出了济南市水生态文明城市建设试点目标体系（图6.2-6），该指标体系由6个系统27项指标构成。

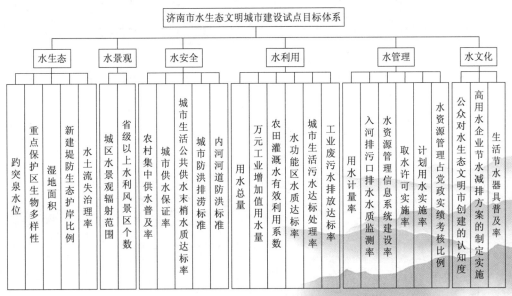

图6.2-6 济南市水生态文明城市建设试点目标体系

水生态文明发展是一个城市实现文明的必要基础以及标志之一，越来越多的学者认识到，实现水生态文明是促进人水和谐、生态之基及科学发展的一个重要基础。2014年，陈璞以安徽省六安市为例，按照重要性、重点性原则，采用分层构权法和德尔菲法相结合的方法，确立了五类一级指标，构建了包括5个系统13个对象以及29项指标的水生态文明指标体系（图6.2-7）。丁惠君等通过文献资料法、专家咨询法及问卷调查法，初步构建了包括6个方面25项指标的江西省莲花县水生态文明建设评价指标体系（图6.2-8）。

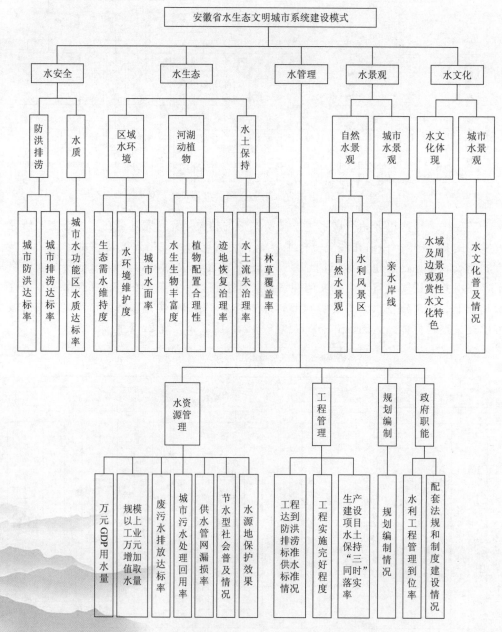

图 6.2-7　安徽省水生态文明城市系统建设模式

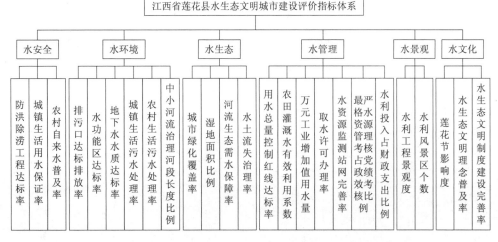

图 6.2-8　江西省莲花县水生态文明建设评价指标体系

3. 流域层面的水生态文明指标体系研究

流域层面的水生态文明建设内容以规划为指导、以工程为基础、以调度为抓手、以监管为保障、以科技为支撑（赵雯砚等，2014）。流域一直以来都是众多学者关注的重点领域，2010 年韩春就开展了关于流域水生态文明研究，通过生态文明理念与太湖流域建设相结合，提出建设发展太湖流域水生态文明的建议和对策。在 2013 年水生态文明研究的大发展时期，流域层面的水生态文明研究也得到了空前发展。刘雅鸣介绍了长江流域规划，以水生态文明建设为核心，提出规划实施要点。司毅铭对黄河流域水生态文明建设进行探索研究并实践。姜海萍等针对珠江流域综合规划提出水资源保护和生态修复体系。

一些学者坚持投入到关于流域层面的水生态文明建设研究中。董玲燕等（2015）以玉溪市为例，根据水生态文明建设需求，初步构建了符合其水土资源与经济社会布局特点的水生态文明建设评价指标体系，主要包括 3 个系统 5 个对象共 25 项指标（图 6.2-9），可将其作为流域层次的水生态文明评价指标体系研究的重要参照标准之一。褚克坚等（2015）通过对水生态文明理念分析研究，以及对水生态文明各评价因子进行紧密分析的基础上，构建了包括 4 方面共 26 项指标的符合长江下游丘陵库群河网地区城市区域特征的水生态文明评价指标体系（图 6.2-10）。

另外，水利部门以往工作和研究建立的《水生态系统保护与修复试点工作评估指标体系》《河湖健康评价指标体系》《节水型社会评价指标体系和评价方法》（GB/T 28284—2012）《水利风景区评价标准》（SL 300—2004）等，也都为不同类型区域的水生态文明评价指标体系的建立奠定了重要基础。

随着水生态文明指标体系不断的深入研究，指标体系各系统指标向细化、独立方向发展，例如水生态系统分为水景观系统、水生态系统，且能结合相关技术要求，并严格遵守国家相关标准，依据水生态文明指标的构建原则，针对目前流域水环境状况分析，选择相应的评价方法，进行水生态文明指标体系的构建及水生态文明评价。

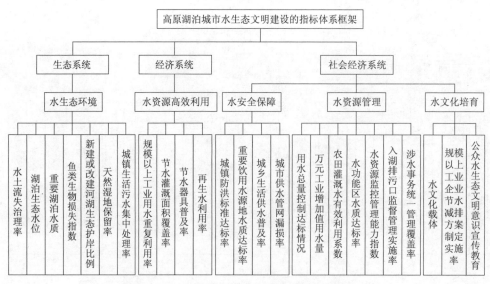

图 6.2-9 玉溪市水生态文明建设评价指标体系

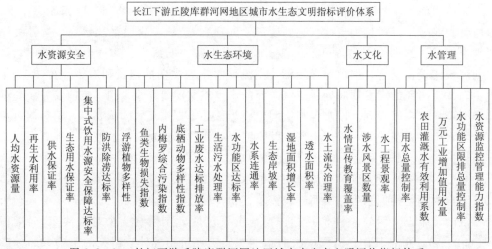

图 6.2-10 长江下游丘陵库群河网地区城市水生态文明评价指标体系

6.2.2 水生态文明建设现状与需求

1. 雁栖湖生态发展示范区自然环境特点

雁栖湖生态发展示范区地处雁栖湖流域下游，包括以雁栖湖为核心的约 21km² 的国际会都和 10km² 的雁栖小镇建设模块。雁栖湖生态发展示范区依傍红螺山、云蒙山，植被覆盖率高，自然环境优美，形成天然独有的山水天地，并随着 2014 年 APEC 会议成功召开和北京国际电影节的落户，以及中欧文化高峰论坛、世界水电大会、"一带一路"国际合作高峰论坛等重点活动的先后举办，雁栖湖蜚声海内外。同时周边旅游资源丰富，如慕田峪长城、红螺寺、青龙峡、百泉山等风景区，为把雁栖湖生态发展示范区打造成国际会都增添了历史、人文和自然气息。

2. 雁栖湖生态发展示范区的功能定位

雁栖湖生态发展示范区的建设，以打造国际一流的生态发展示范区和高品质生态旅游与文化休闲胜地及成为首都国际交往与发展成果展示的重要窗口为目标，以"低碳、绿色生态、节能节水"示范区为区域功能定位。2014年11月APEC会议在示范区成功召开后日益成为大型国际、国内会议及会展活动的平台。因此，这就要求以雁栖湖为主体的雁栖湖生态发展示范区拥有良好的水环境质量和健康的流域水生态系统。

3. 雁栖湖生态发展示范区流域水生态文明建设现状

雁栖湖生态发展示范区水生态文明建设水平，不仅受21km²的示范区建设影响，同时其核心区的水环境质量直接受其上游雁栖河来水的影响。雁栖湖流域上游年内污水排放量约600万t，由于雁栖河山区小流域内污水排放较为分散，且受日常维护资金短缺及责任主体环保意识较为薄弱等因素制约，目前只有少量餐饮点的污水处理设备处于正常运行状态，流域污染负荷贡献量接近80%的规模化渔场养殖废水仍处于直排状态。这些未经有效处理的废污水将持续影响着雁栖湖生态发展示范区核心区的水生态环境质量，雁栖湖生态发展示范区日益面临区域水资源短缺、河湖水环境质量变差和湖泊富营养化加剧的风险，主要表现在：

（1）基于独特的泉水资源而形成的虹鳟鱼、鲟鱼养殖是雁栖湖生态发展示范区核心区水体中的N、P等污染负荷最主要的来源，上游80%左右的N、P负荷均来自于渔场养殖废水排放，民俗接待及餐饮企业排放的污染负荷约占20%。雁栖湖水质受上游渔场养殖排水及周边餐饮废水排放影响严重。

（2）雁栖湖示范区多年平均年降雨量650mm，水面蒸发量为1573mm。自2000年以来年均径流量为740万m³，扣除湖面蒸发损失210万m³，雁栖湖年实际水资源量仅为530万m³，水资源量十分有限，雁栖湖生态发展示范区正同时面临资源型和水质型缺水问题。

（3）雁栖湖生态发展示范区距离怀柔城区较远，无市政污水管网设施，山区小流域的餐饮废水与渔场养殖尾水无法外排，只能通过雁栖河进入雁栖湖，将对雁栖湖水质产生累积效应，近年来雁栖湖水质下降明显，由20世纪80—90年代的Ⅱ类逐步下降到目前Ⅲ～Ⅳ类，局部区域水体富营养化状况较重。

4. 雁栖湖生态发展示范区流域水生态文明建设需求

结合雁栖湖生态发展示范区及其上游汇水区的实际情况，针对当前流域存在的水环境、水生态等问题，围绕"低碳、绿色生态、节能节水"的功能定位，以水生态文明建设理念为指导，以雁栖湖区水清、水净、水景观优美、水生态系统健康为目标，建立雁栖湖生态发展示范区水生态文明建设评价指标，为实现其功能定位提供技术支撑，为山区型小流域开展水生态文明建设与评价提供技术指导，以期构建具有北方山区小流域特色的水生态文明发展示范区。

6.2.3　雁栖湖生态发展示范区水生态文明建设评价指标

6.2.3.1　指标体系构建原则

为构建全面的、科学的和适合雁栖湖生态发展示范区的水生态文明评价指标体系，应遵循以下构建原则。

（1）客观性与针对性：评价指标需符合流域或区域河湖的实际情况，是被广泛认可并且可使用，在客观反映的基础上体现雁栖湖生态发展示范区的特色，需具有针对性。

（2）定量性与相对性：雁栖湖生态发展示范区的水生态文明状况不是绝对的，而是相对的，应尽可能地选择可定量化的指标，并进行分级量化。

（3）易操作与可比性：评价目的是要通过对比分析，发现问题并解决问题，因此，应尽量选择可直接从基础数据中获得、代表性和独立性较强且易查的指标，具有可比性。

（4）科学性与系统性：指标的选取、计算及分析要科学、合理、准确，严格遵守学术规范，在对系统充分认识和科学研究的基础上建立指标体系，为推进示范区水生态文明建设发展提供可信的参考。

6.2.3.2　指标选取步骤

雁栖湖生态发展示范区水生态文明建设评价指标的选取步骤如下。

1. 评价指标的初选

运用频度统计法统计以往相关评价指标体系的研究论文，尽可能选取能够涵盖该系统各层次的所有指标，避免遗漏某些重要指标；同时要确保各指标的相对独立性，避免指标之间的相互交叉，尽量提取综合性指标。基于已获取的文献资料，共统计出8项水生态文明评价子系统87项水生态文明评价指标。

2. 评价指标的筛选

对已统计的所有指标进行重要性评价，按照重要值大小对评价子系统及评价指标进行再筛选。重要值的计算方法为

$$I = \frac{d + f + s}{3} \tag{6.2-1}$$

$$d = \frac{\sum_{i=1}^{k} Q_{ij}}{\sum_{i=1}^{m} \sum_{j=1}^{k} Q_{ij}} \tag{6.2-2}$$

$$f = \frac{n_i}{N \cdot \sum_{i=1}^{m} \frac{n_i}{N}} \tag{6.2-3}$$

$$s = \frac{\sum_{i=1}^{k} W_{ij}}{\sum_{i=1}^{m} \sum_{j=1}^{k} W_{ij}} \tag{6.2-4}$$

式中：I 为指标的重要值；d 为指标的相对密度；f 为指标的相对频度；s 为指标的相对优势度；i 为指标个数，$i = 1, 2, \cdots, m$；j 为研究案例个数，$j = 1, 2, \cdots, k$；Q_{ij} 为第 i 个评价指标在第 j 个案例里的密度；n_i 为第 i 个指标在所有案例中出现的次数；N 为案例研究总数；W_{ij} 为第 i 个评价指标在第 j 个案例中所占的权重。

根据已统计的所有指标重要值的大小，筛选出8个水生态文明建设评价子系统、33个水生态文明评价指标（图6.2-11和图6.2-12），以期为评价指标的

选取提供参考。对于水生态文明建设评价子系统，排在第一位的是水生态系统，紧接着是水文化系统、水管理系统、水安全系统、水利用系统、水资源系统、水景观系统和水环境系统；对于水生态文明建设评价指标，排在第一位的是水功能区水质达标率，前十位的评价指标分别为水功能区水质达标率、水土流失治理率、规模以上工业万元增加值取水量、水利风景区、农田灌溉水有效利用系数、水文化普及情况、用水总量控制红线达标率、防洪除涝工程达标率、水资源监控管理能力指数、水利工程景观率。初步构建出流域型水生态文明评价指标体系的基本框架，如表6.2-1所示。

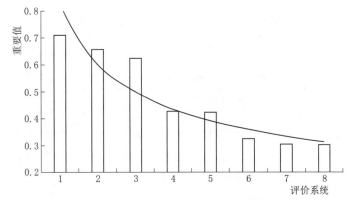

图 6.2-11　主要水生态文明评价子系统重要值

1—水生态系统；2—水文化系统；3—水管理系统；4—水安全系统；5—水利用系统；6—水资源系统；7—水景观系统；8—水环境系统

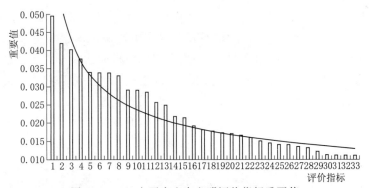

图 6.2-12　主要水生态文明评价指标重要值

1—重要水功能区水质达标率；2—防洪除涝工程达标率；3—水土流失治理率；4—规模以上工业万元增加值取水量；5—水利风景区；6—农田灌溉水有效利用系数；7—水文化普及情况；8—用水总量控制红线达标率；9—水资源监控管理能力指数；10—水利工程景观率；11—污水处理率；12—重要饮用水源地水质达标率；13—生态需水维持度；14—湿地面积比例；15—水面面积率；16—生活用水保证率；17—不透水陆面比例；18—新建或改建河湖生态护岸比例；19—地下水超采面积比；20—用水计量率；21—生活节水器具普及率；22—用水总量控制率；23—鱼类生物损失指标；24—当地地表水开发利用率；25—河流纵向连通型指数；26—入河排污口监督管理实施率；27—取水许可实施率；28—计划用水实施率；29—供水管网漏损率；30—公众对水生态保护的满意度；31—再生水利用率；32—林草覆盖率；33—生物栖息地状况指数

表 6.2-1 流域型水生态文明评价指标体系的基本框架

指标体系	系 统 层	指 标 层
流域型水生态文明评价指标体系	水生态	生态需水维持度,湿地面积比例,新建或改建河湖生态护岸比例,鱼类生物损失指标,河流纵向连通型指数,林草覆盖率,生物栖息地状况指数,水土流失治理率
	水文化	水文化普及情况,生活节水器具普及率,公众对水生态保护的满意度
	水管理	用水总量控制红线达标率,水资源监控管理能力指数,污水处理率,用水计量率,用水总量控制率,入河排污口监督管理实施率,取水许可实施率,计划用水实施率,供水管网漏损率,再生水利用率
	水安全	防洪除涝工程达标率,生活用水保证率
	水利用	规模以上工业万元增加值取水量,农田灌溉水有效系数
	水资源	不透水陆面比例,地下水超采面积比,当地表水开发利用率
	水景观	水利风景区,水利工程景观率,水面面积率
	水环境	重要水功能区水质达标率,重要饮用水源地水质达标率

3. 评价指标的确定

参考已有案例指标及国家相关指标标准,同时参考各评价指标的重要值,在此基础上根据专家意见,对指标进行筛选和拾遗补缺;结合雁栖湖生态发展示范区的实际状况和指标基础数据获取的难易程度,并挖掘出能体现示范区特色的指标,最终确定评价指标,构建完整的评价指标体系框架。

6.2.3.3 评价指标体系的构建

根据雁栖湖生态发展示范区的基本概况、水生态文明建设现状及存在的主要环境问题,借鉴专家学者已建立的有关评价指标体系,结合雁栖湖生态发展示范区实现"低碳、绿色生态、节能节水"的建设目标,以水生态文明理念为指导,以水生态系统的文明化为核心,遵循评价指标构建的原则和评价指标选取的步骤,通过层次分析法将复杂问题层次化,构建出一套完整的雁栖湖生态发展示范区水生态文明评价指标体系,由目标层、系统层、要素层和指标层 4 个层次构成。

(1)目标层:能够全面反映评价指标体系构建的目标和要求,以"雁栖湖生态发展示范区水生态文明评价指标体系"作为目标层。

(2)系统层:本书认为流域水生态文明建设,是以水生态系统的文明化建设为核心,包括安全、环境、生态、景观、文化及管理等诸多方面建设,达到人水和谐的生态文明发展目标。故此,为全面和系统地反映目标层,系统层应包括水安全、水环境、水生态、水景观、水文化和水管理 6 个子系统。

(3)要素层:是评价系统层的具体要素,主要反映水生态文明建设的潜力和状态。水安全系统包括防洪安全和供水安全,水环境系统包括流域水环境和湖泊水环境,水生态系统包括流域生态、湖泊生态和湿地生态,水景观系统包括水域自然景观和水域人文景观,水文化系统包括水文化理念和水文化建设,水管理系统包括水资源管理和水环境管理,总计 13 个要素。

(4)指标层:是评价要素层的具体指标,反映各要素的具体影响因素,共 22 项指标。

因此，雁栖湖生态发展示范区水生态文明建设评价指标体系是由 6 个子系统 13 个要素共 22 个评价指标组成，详见表 6.2-2。

表 6.2-2　　　　雁栖湖生态发展示范区水生态文明建设评价指标体系

目标层	系统层	要素层	指标层
雁栖湖生态发展示范区水生态文明建设评价指标体系	水安全	防洪安全	防洪工程达标率
		供水安全	人均水资源量
		流域水环境	水功能区水质达标率
	水环境	湖泊水环境	湖泊富营养化指数
			水功能区限制排污总量控制率
	水生态	流域生态	生物多样性指数
		湖泊生态	湖泊生态需水满足程度
		湿地生态	候鸟栖息地面积变化率
	水景观	水域自然景观	水面面积比例
			涉水风景区个数
		水域人文景观	水景观美景度
			水景观设施满意度
	水文化	水文化体验	虹鳟鱼美食体验
			水源与生活文化体验
		水文化理念	生活节水器具普及率
			水文化普及率
	水管理	水资源管理	再生水利用率
			取水许可率
			用水计量率
		水环境管理	污水收集与集中处理率
			入湖排污口监管率
			水质监测率

1. 水安全子系统评价指标

水安全，是指一个国家或地区乃至全球人类生存发展所需的有量与质保障的水资源、能够可持续维系流域中人与生态环境健康、确保人民生命财产免受水旱灾害与水环境污染等损失的能力。随着雁栖湖生态发展示范区经济建设等的快速发展，以及居民生活水平的不断提高，对水资源的需求量也逐日增加，区域水资源短缺和突发性水安全事故等水安全问题日益显现。因此，水安全问题是该区域水生态文明建设时首要考虑的因素，是其重点评价内容之一，同时也是衡量该区域可持续发展的一项重要因素。在雁栖湖生态发展示范区水生态文明建设的水安全评价中，主要从水安全与人类关系的角度考虑，强调水的存在方式及水事活动对人类社会的稳定与发展是基本无威胁的。本书根据雁栖湖生态发展示范区基本概况，从防洪安全和供水安全两个要素层进行研究分析。

（1）防洪安全的评价指标为防洪工程达标率。雁栖湖生态发展示范区是以雁栖湖为核心，对入湖河流、雁栖河河道及雁栖湖滨水及周边防洪及建设进行实地调查研究，对防洪工程达标率指标进行评价，主要反映山区小流域防洪安全，计算方法一般为流域防洪堤防达标长度与防洪堤防总长度的百分比。

（2）供水安全的评价指标为人均水资源量。本书用人均水资源量来衡量该研究区域是否存在水资源供需紧张关系或缺水现象，是该区域水资源总量与总人口数的比值。

2. 水环境子系统评价指标

水环境一直是国内外学者重点研究内容，也是水生态文明建设评价的核心内容之一，指存在于水及水体周围的情况、条件的集合体，是影响水及其周边事物发展的外部因素的总称。水环境评价的主要目的是对流域水环境的优劣程度作出评价，了解区域水环境质量现状，继续保持优质水体的水环境质量，通过工程和其他技术手段对劣质水体的水环境质量进行改善与提高，使之逐步向优质水体演变。在雁栖湖生态发展示范区水生态文明建设中，从流域水环境和湖泊水环境两个要素层进行评价研究。

（1）流域水环境的评价指标为水功能区水质达标率。对雁栖湖生态发展示范区水环境质量进行评价，了解目前水质状况，寻求净化水质途径，确保流域水环境质量，确保湖泊水质满足水功能区水质类别要求，计算方法为研究期内达标个数占总个数的比例。

（2）湖泊水环境的评价指标为湖泊富营养化指数和水功能区限制排污总量控制率。

1）湖泊富营养化指数是指湖泊从贫营养向富营养转变过程中，营养盐浓度与之相关联的生物生产量从低向高逐渐转变的程度。雁栖湖流域入湖河流局部河段污染严重，雁栖湖水体富营养化问题较为突出，是雁栖湖生态发展示范区水生态文明建设需要着力解决的问题。本研究采用综合营养状态指数法进行雁栖湖富营养化指数计算及评价分析。

综合营养状态指数计算公式为

$$TLI(\Sigma) = \sum_{j=1}^{m} W_j \times TLI(j) \tag{6.2-5}$$

式中：$TLI(\Sigma)$ 为综合营养状态指数；W_j 为第 j 种参数的营养状态指数的相关权重；$TLI(j)$ 代表第 j 种参数的营养状态指数。

2）水功能区限制排污总量控制率是入湖污染物总量控制指标。限制排污总量的制定，从法律法规上讲，可以监测江河湖库水质，审定水域纳污能力，提出限制排污总量；从技术上讲，可以从根本上治理水环境，实现污染物总量控制。评价水功能区限制排污总量控制率指标，可以衡量雁栖湖流域污水收集与集中处理程度及其入湖污染物变化，以便进行入湖污染物的总量控制，为更好地进行雁栖湖生态发展示范区的水生态文明建设提供技术支撑。本书通过流域入湖污染源调查和河湖水环境水质数值模拟，计算雁栖湖水环境容量及入湖污染物总量，在此基础上提出入湖污染物总量控制与削减方案，计算水功能区限制排污总量控制率。通过水功能区限制排污总量与入湖污染物总量的比值计算获得水功能区限制排污总量控制率。

3. 水生态子系统评价指标

水生态是指水因子对生物的影响和生物对各种水分条件的适应。在雁栖湖生态发展示范区水生态文明建设中，主要通过流域生态、湖泊生态和湿地生态三个要素对水生态系统进行研究分析，旨在提高流域水生态健康，保证流域水生态系统结构的完整性和功能的稳定性，提高雁栖湖流域抵抗干扰、恢复生态功能的能力，更好地构建人水和谐社会。

（1）流域生态的评价指标为生物多样性指数。为保证雁栖湖流域生态系统的完整性，根据雁栖湖流域自然环境状况，选择生物多样性指数指标进行评价。主要反映流域自然环境中生物受人类活动干扰的影响程度，本研究采用 Shannon - Wiener 生物多样性指数进行评定，计算公式为

$$H' = \sum P_i \ln P_i \qquad\qquad (6.2-6)$$

$$P_i = \frac{N_i}{N} \qquad\qquad (6.2-7)$$

式中：N_i 为第 i 个种的个体数目；N 为群落中所有种的个体总数。

（2）湖泊生态的评价指标为湖泊生态需水满足程度。其可反映流域水资源量满足生态保护要求的状况，反映地表水文完整性，是河流健康评价指标。为保证水生态文明建设时湖泊生态水文的完整性，对湖泊生态需水满足程度进行评价研究，计算方法是湖泊水量与生态环境需水量的比值。

（3）湿地生态的评价指标为候鸟栖息地面积变化率。雁栖湖区有大雁、淡水鸥等多种珍禽候鸟栖息，滨水湿地等是其活动的主要区域，在建设时应避免对重要生物栖息地的干扰和破坏。因候鸟主要以湿地作为其栖息地，本书以其栖息地面积变化率作为评价湿地生态水文完整性指标，同时也体现了雁栖湖流域的独特之处，主要通过湿地面积变化率进行计算。

4. 水景观子系统评价指标

在国内外研究中主要关注的问题就包括水环境的城市规划，即城市的水景观，水景观包含水、水生态、水环境以及人与水环境，可以引起人们视觉感受的水体及其相关联的岸地、岛屿、植被、建筑所形成的景象，是在人类文明进化过程中所产生的一定地域内的水景观客体与有关它的观念形态和有形实体的完美统一。充足的水量和良好的水生态环境不仅为城市居民提供美丽、舒适、和谐的居住环境，而且也是城市居住适宜性评价的重要指标。该思想同样适用于雁栖湖水生态文明建设，是其水生态文明建设评价中不可缺少的一部分。根据水利部水生态文明建设总体思路，建设开放性水生态景观和亲水平台，构建生态宜居环境，让水生态文明建设成果共享于民。水利风景区是水生态文明建设的积极探索和生动实践。截至 2013 年，水利部已批准设立 13 批 588 个国家水利风景区，带动近两千家省级水利风景区建设，覆盖了全国主要的江、河、湖、库。随着人类社会的不断发展，自然景观不断被人工化，水景观系统可分为水域自然景观和水域人文景观两个要素层进行分析研究。

（1）水域自然景观主要指水域自然生成的景观，主要包括水域、过渡域及周边陆域三部分，结合雁栖湖生态发展示范区基本情况，选择水面面积比例、涉水风景区个数两个评价指标。

1）水面面积比例。雁栖湖生态发展示范区以雁栖湖为核心，水面开阔，湖泊容积 3830 万 m³，水面面积达 230hm²。雁栖湖的基本特征，构成了雁栖湖生态发展示范区独特的水域景观。以水面面积比例分析结果，评价水域自然景观，计算方法为水面面积占示范区总面积的比例。

2）涉水风景区个数。雁栖湖湖岸线超过 20km，坝前最大水深 25m。湖周多湿

地及芦苇、鸢尾、狐尾藻等水生植物，是大雁、淡水鸥等多种珍禽候鸟的栖息地，自然风景独特，为国家 AAAA 级旅游景区。雁栖河是雁栖湖唯一的入湖河流，河流两岸形成独特的民俗旅游，上游有神堂峪风景区，为国家 AA 级旅游景区。

（2）水域人文景观主要指现代水域景观，其建设以恢复自然景观为重点，同时满足人们日益增长的审美需求，结合雁栖湖生态发展示范区基本概况，选择整体自然风景美观度、植被景观美景度、人工建筑的优美度、设施设置的合理度、游览路径的满意度、休闲活动的丰富度、休闲环境的舒适度、自然环境保持的满意度、亲水设施的满意度、水体质量的满意度、空气质量的满意度、景区交通满意度共 12 个评价指标进行问卷调查评价。通过因子分析提取出 2 个公因子，对其进行描述，分别称为水景观美景度和水景观设施满意度评价因子。

1）水景观美景度。雁栖湖流域现有的滨水山林、雁栖湖公园、雁栖湖主库水坝、多湾湿地景观等多处休闲游憩点，与其自然地貌等区域特征构成了具有山水特色的景观格局。水景观美景度由整体自然风景美观度、植被景观美景度、人工建筑的优美度、设施设置的合理度、休闲活动的丰富度、休闲环境的舒适度、自然环境保持的满意度共 7 个指标来表示。

2）水景观设施满意度。景观建设是需考虑到人与水之间的接近距离与平台，需要考虑到水景观设施的亲水性等，由游览路径的满意度、亲水设施的满意度、景区交通满意度共 3 个指标来表示。

5．水文化子系统评价指标

水文化是人类在长期的水事过程中形成的以水为载体的文化。通过水文化体系建设，引导人们的水生态文明意识，促进社会与水的和谐发展，为水生态文明建设提供内在动力，促进雁栖湖生态发展示范区的水生态文明建设。水文化一般分为物质形态、制度形态和精神形态 3 类，水文化系统一般由物质文化、制度文化、行为文化和精神文化四大要素构成。本研究根据雁栖湖生态发展示范区的自身特点，因地制宜地构建具有地域特色的水文化体系，主要从"水文化体验"和"水文化理念"两个要素进行研究分析。

（1）水文化体验主要表现在雁栖湖生态发展示范区在水生态文明建设时，将现代技术、文化、观念引进现代水生态文明建设中来，创造出的现代水文化，体现其独特的水文化内涵。结合雁栖湖生态发展示范区独特的旅游资源和水文化特点，主要通过对人群来此的目的和原因进行调查，采用因子分析法提取并选择虹鳟鱼美食体验和水源与生活文化体验两个评价因子。

1）虹鳟鱼美食体验："雁栖不夜谷"起初就是以雁栖镇"虹鳟鱼养殖一条沟"闻名京城，随着不断改造发展，从虹鳟鱼的养殖到鱼类美食的烹饪等逐渐发展为一套产品体系，体现出现代水文化建设，主要通过对虹鳟鱼的吸引力统计进行评价分析。

2）水源与生活文化体验：雁栖湖湖周约有 25 家大中型餐饮企业，雁栖湖上游地区约有 63 家大中型餐饮企业，这些企业多是依山傍水而建的度假村，在河道上修建堤（堰），设置水源观赏区、娱乐区，让人们充分体验水源与生活之间和谐相处的乐趣，充分体现了水文化，同时雁栖湖环湖登山步道的建设，又为人们提供了知山知水的可能性体验，本文以水源与生活文化体验进行评价分析。

（2）水文化理念。流域水质污染程度，综合反映了流域内经济社会活动与居民生产、生活方式的文明程度，严重的水质污染状况说明该区域的社会经济发展缺少优秀的水文化理念和健康的生活方式。雁栖湖生态发展示范区的建设与发展需要有优秀的水文化理念来引导人们的节水保水意识，并将优秀的水文化理念落实到日常的生产和生活中，在此以生活节水器具普及率和水文化普及率两个指标进行评价。

1）生活节水器具普及率：主要反映了水资源利用的高效程度，体现出水文化理念深入人心的程度，体现示范区水生态文明建设水平。通过使用节水器具数占总用水器具的比重进行计算。

2）水文化普及率：可通过水文化宣传标牌和宣传手册、开展宣传和教育活动等的调查情况，估算雁栖湖生态发展示范区水生态文明建设中水文化普及率，评价其水文化理念的落实情况，其计算方法为参加水文化宣传教育的人数与常住人口的百分比。

6. 水管理子系统评价指标

水管理措施是社会经济生活的一部分，是生产生活的重要保障，由水循环和水的开发利用特性决定。随着近年来首都经济圈经济社会快速发展，京郊休闲、旅游业呈现快速、蓬勃发展态势，依托于雁栖湖的"雁栖不夜谷"发展迅猛，水资源管理方面面临着许多严峻的新问题，其中包括水资源短缺、洪涝和干旱灾害损失增大以及水生态环境恶化等构成，已经对可持续发展战略的实施造成严重的威胁。在全面实施最严格的水资源管理制度的基础上，加快推进水资源管理现代化建设，是落实科学发展观、促进经济发展方式加快转变的基本要求，是促进社会进步、建设生态文明、构建和谐社会的客观需要，是应对解决雁栖湖复杂的水资源问题的现实选择，是实现经济社会可持续发展的唯一方法、途径，因此水管理是一项重点水生态研究项目。完善最严格的水资源管理制度是水生态文明建设工作的核心。本研究将水管理系统分为水资源管理和水环境管理两个要素进行分析。

（1）水资源管理是水管理系统重点考虑的要素之一，这决定着居民的生活质量和社会生产效率，从水生态文明建设及居民生活角度考虑都是有必要的。主要通过再生水利用率、取水许可率、用水计量率3个指标进行评价，指标值主要通过统计数据收集分析获得。

1）再生水利用率反映出水资源使用的文明程度。通过再生水回用量占年污水处理总量的比例进行计算。

2）取水许可率体现水资源管理制度执行情况的指标，通过取水许可管理范围内实施计划用水占实际取用水量的比例进行计算。

3）用水计量率反映水量管理能力的指标，是通过取水户取退水计量率折减公共供水管网内的未监测率进行计算。

（2）水环境管理是水管理系统的另一重要因素，主要通过污水收集与集中处理率、入湖排污口监管率和水质监测率3个指标进行评价。

1）污水收集与集中处理率反映区域污水收集与集中处理的水平。由于近年来京郊休闲旅游业的蓬勃快速发展，雁栖湖流域水资源短缺与水质污染问题已逐渐凸显，因此需要用该指标进行研究与评价，以期提高雁栖湖生态发展示范区所在流域的污水收集与集中处理率，避免出现未经任何处理的污水直接排放的现象，减少入河湖污染物总量，提高该区域河湖水体的水环境质量。通过乡村污水处理站处理且达到排放标准的污水量占流域污水排放总量的百分比进行计算。

2）入湖排污口监管率体现了水环境管理制度执行情况指标，是定期监测与核查的排污口与总数的百分比。

3）水质监测率反映雁栖湖生态发展示范区水质监督管理能力的指标，通过评价时间内对水功能区河段及湖泊断面（站点）水质进行监测的频率及覆盖范围进行分析计算。

6.2.3.4 评价指标权重的确定

1. 指标权重赋值方法

权重是指被评价对象不同侧面的重要程度的定量分配，某一指标体系或指标的权重即是该指标体系或指标体系在整个评价中的相对重要程度。在评价过程中，求权重即是给权重赋值。

当前，权重赋值主要有层次分析法、专家咨询法、熵值法、主成分分析法等，在实际应用中使用最多的方法是层次分析法。

层次分析法于 20 世纪 70 年代由美国运筹学家 Saaty 教授提出，这是一种将定量与定性分析结合起来的研究方法，主要应用于多目标多层次问题的分析研究，其主要思想是将目标问题逐层递阶分解，最终由最底层的相对重要程度确定目标问题。首先要明确研究对象是拥有多系统多指标的水生态文明评价问题，之后通过建立层次结构，进行指标之间的两两比较，构造判断矩阵并进行一致性检验，求出各评价级别层次单排序及层次总排序权重值。

2. 指标权重的确定

结合专家咨询法、公共参与法及德尔菲法，通过层次分析法计算各指标所占的权重。首先利用德尔菲法初步确定指标体系的各级指标之间的判断值，构造判断矩阵，然后运用层次分析法确定最终的指标权重。权重计算方法和步骤如下。

（1）将指标体系评价分为系统层 A、要素层 B、指标层 C 三个层次。

（2）基于专家对系统中各指标重要性的判断，根据德尔菲法（判断矩阵构建说明见表 6.2-3），构建判断矩阵：$\boldsymbol{P}=(x_{ij})_{m\times m}(i,j=1,2,\cdots,m)$：

$$\boldsymbol{P}=\begin{bmatrix} x_{11} & x_{12} & \cdots & x_{1m} \\ x_{21} & x_{22} & \cdots & x_{2m} \\ \vdots & \vdots & \vdots & \vdots \\ x_{m1} & x_{m2} & \cdots & x_{mm} \end{bmatrix}_{m\times m} \tag{6.2-8}$$

式中：m 为评价指标的总数；x_{ij} 为第 i 个评价指标相对于第 j 个评价指标的判断值，其中，$x_{ij}=1$，$x_{ij}=1/x_{ji}$，$x_{ij}=x_{ik}/x_{jk}$。

表 6.2-3　　　　　　　　　判断矩阵构建说明

标度	含　义	标度	含　义
1	两个因素相比,具有同等重要性	9	两个因素相比,一个比另一个极端重要
3	两个因素相比,一个比另一个稍微重要	2、4、6、8	表示上述两个相邻判断的中值
5	两个因素相比,一个比另一个明显重要	倒数	因素 i 与因素 j 比较得判断 W_{ij},则因素 j 与因素 i 比较得判断为 $W_{ji}=1/W_{ij}$
7	两个因素相比,一个比另一个强烈重要		

（3）求所构建的判断矩阵 P 的最大特征根 λ_{max} 和最大特征根对应的特征向量 W。计算公式为

$$PW=\lambda_{max}W$$

式中：λ_{max} 为判断矩阵 P 的最大特征根；W 为判断矩阵 P 的最大特征根对应的特征向量，所求特征向量经归一化处理，即为权重分配。

（4）对所构建的判断矩阵进行一致性检验，判断计算的权重分配是否合理；检验公式为

$$CR=\frac{CI}{RI} \tag{6.2-9}$$

$$CI=\frac{\lambda_{max}-m}{m-1} \tag{6.2-10}$$

式中：CI 为判断矩阵的一致性指标；RI 为判断矩阵的平均随机一致性指标，见表 6.2-4。当 $CR<0.1$ 时或 $\lambda_{max}=m$ 时，认为判断矩阵具有满意的一致性，否则需要再进行专家讨论，进行再次计算验证。

表 6.2-4　　　　　　　　　平均随机一致性指标 RI 值

m	1	2	3	4	5	6	7	8	9
RI	0	0	0.58	0.90	1.12	1.24	1.32	1.41	1.45

本书根据以上所属权重计算的方法和步骤，运用 Matlab R2010b 软件进行判断矩阵数据处理（杨静，2014），得出判断矩阵的最大根值 λ_{max}，求得权重向量 W，并进行一致性检验，求得权重向量 P。

根据以上计算方法和步骤，可得：

（1）系统层 A 相对于指标体系的判断矩阵的构建及其一致性检验结果见表 6.2-5。

表 6.2-5　　　　　　　　系统层 $A(A_1\sim A_6)$ 判断矩阵的构建

水生态文明	A_1	A_2	A_3	A_4	A_5	A_6
A_1	1	3/7	3/7	5/2	5/2	1/2
A_2	7/3	1	1	7/2	7/2	7/5
A_3	7/3	1	1	7/2	7/2	7/5
A_4	2/5	2/7	2/7	1	1	1/3
A_5	2/5	2/7	2/7	1	1	1/3
A_6	2	5/7	5/7	3	3	1

由判断矩阵可得，$\lambda_{max} > 6.0493 > 6$，一致性检验指标 $CR = 0.008 < 0.1$，检验合格，判断矩阵具有满意的一致性，得出结果见表 6.2-6。

表 6.2-6　系统层的指标权重系数

系统层 A		层次单排序权重	总排序权重
水生态文明	水安全 A_1	0.1318	0.1318
	水环境 A_2	0.2636	0.2636
	水生态 A_3	0.2636	0.2636
	水景观 A_4	0.0672	0.0672
	水文化 A_5	0.0672	0.0672
	水管理 A_6	0.2066	0.2066

（2）要素层 B 相对于系统层 A 的判断矩阵的构建，及其一致性检验。

1）建立要素层 B 相对于系统层 A 中 A_1 的判断矩阵，见表 6.2-7。

表 6.2-7　要素层 B 相对于系统层 A 中 A_1 的判断矩阵的构建

系统层 A_1	B_1	B_2
B_1	1	2
B_2	1/2	1

由判断矩阵可得，$\lambda_{max} = 2$，则判断矩阵具有满意的一致性，得出结果见表6.2-8。

表 6.2-8　要素层 $B_1 \sim B_2$ 指标权重系数

系统层 A	系统层 B	层次单排序权重	总排序权重
水安全 A_1	防洪安全 B_1	0.6667	0.0879
	供水安全 B_2	0.3333	0.0439

2）建立要素层 B 相对于系统层 A 中 A_2 的判断矩阵，见表 6.2-9。

表 6.2-9　要素层 B 相对于系统层 A 中 A_2 的判断矩阵的构建

系统层 A_2	B_3	B_4
B_3	1	9/7
B_4	7/9	1

由判断矩阵可得，$\lambda_{max} = 2$，则判断矩阵具有满意的一致性，得出结果见表6.2-10。

表 6.2-10　要素层 $B_3 \sim B_5$ 指标权重系数

系统层 A	系统层 B	层次单排序权重	总排序权重
水环境 A_2	流域水环境 B_3	0.5625	0.1483
	湖泊水环境 B_4	0.4375	0.1153

3) 建立要素层 B 相对于系统层 A 中 A_3 的判断矩阵,见表 6.2-11。

表 6.2-11　　　　要素层 B 相对于系统层 A 中 A_3 的判断矩阵的构建

系统层 A_3	B_5	B_6	B_7
B_5	1	1/7	1/3
B_6	7	1	5
B_7	3	1/5	1

由判断矩阵可得,$\lambda_{max}=3.0649>3$,一致性检验指标 $CR=0.0559<0.1$ 检验合格,则判断矩阵具有满意的一致性,得出结果见表 6.2-12。

表 6.2-12　　　　　　要素层 $B_5 \sim B_7$ 指标权重系数

系统层 A	系统层 B	层次单排序权重	总排序权重
水生态 A_3	流域生态 B_5	0.0810	0.0214
	湖泊生态 B_6	0.7306	0.1926
	湿地生态 B_7	0.1884	0.0497

4) 建立要素层 B 相对于系统层 A 中 A_4 的判断矩阵,见表 6.2-13。

表 6.2-13　　　　要素层 B 相对于系统层 A 中 A_4 的判断矩阵的构建

系统层 A_4	B_8	B_9
B_8	1	3/2
B_9	2/3	1

由判断矩阵可得,$\lambda_{max}=2$,则判断矩阵具有满意的一致性,得出结果见表 6.2-14。

表 6.2-14　　　　　　要素层 B_8、B_9 指标权重系数

系统层 A	系统层 B	层次单排序权重	总排序权重
水景观 A_4	水域自然景观 B_8	0.6000	0.0403
	水域人文景观 B_9	0.4000	0.0269

5) 建立要素层 B 相对于系统层 A 中 A_5 的判断矩阵,见表 6.2-15。

表 6.2-15　　　　要素层 B 相对于系统层 A 中 A_5 的判断矩阵的构建

系统层 A_5	B_{10}	B_{11}
B_{10}	1	3/2
B_{11}	2/3	1

由判断矩阵可得,$\lambda_{max}=2$,则判断矩阵具有满意的一致性,得出结果见表 6.2-16。

系统层 A	系统层 B	层次单排序权重	总排序权重
水文化 A_5	水文化体验 B_{10}	0.6000	0.0403
	水文化理念 B_{11}	0.4000	0.0269

6）建立要素层 B 相对于系统层 A 中 A_6 的判断矩阵，见表 6.2 - 17。

表 6.2 - 17   要素层 B 相对于系统层 A 中 A_6 的判断矩阵的构建

系统层 A_6	B_{12}	B_{13}
B_{12}	1	3/5
B_{13}	5/3	1

由判断矩阵可得，$\lambda_{max}=2$，则判断矩阵具有满意的一致性，得出结果见表 6.2 - 18。

表 6.2 - 18   要素层 B_{12}、B_{13} 指标权重系数

系统层 A	系统层 B	层次单排序权重	总排序权重
水管理 A_6	水资源管理 B_{12}	0.3750	0.0775
	水环境管理 B_{13}	0.6250	0.1291

（3）指标层 C 相对于要素层 B 的判断矩阵的构建，及其一致性检验。

1）建立指标层 C 相对于要素层 B 中 B_4 的判断矩阵，见表 6.2 - 19。

表 6.2 - 19   指标层 C 相对于要素层 B 中 B_4 的判断矩阵的构建

要素层 B_4	C_4	C_5
C_4	1	7/5
C_5	5/7	1

由判断矩阵可得，$\lambda_{max}=2$，则判断矩阵具有满意的一致性，得出结果见表6.2 - 20。

表 6.2 - 20   指标层 C_4、C_5 指标权重系数

要素层 B	指标层 C	层次单排序权重	总排序权重
湖泊水环境 B_4	湖泊富营养化指数 C_4	0.5833	0.0673
	水功能区限制排污总量控制率 C_5	0.4167	0.0481

2）建立指标层 C 相对于要素层 B 中 B_8 的判断矩阵，见表 6.2 - 21。

表 6.2 - 21   指标层 C 相对于要素层 B 中 B_8 的判断矩阵的构建

要素层 B_8	C_9	C_{10}
C_9	1	5/3
C_{10}	3/5	1

由判断矩阵可得，$\lambda_{\max} = 2$，则判断矩阵具有满意的一致性，得出结果见表6.2-22。

表 6.2-22　　　　　　　指标层 C_9、C_{10} 指标权重系数

要素层 B	指标层 C	层次单排序权重	总排序权重
水域自然景观 B_8	水面面积比例 C_9	0.6250	0.0252
	涉水风景区个数 C_{10}	0.3750	0.0151

3）建立指标层 C 相对于要素层 B 中 B_9 的判断矩阵，见表6.2-23。

表 6.2-23　　　　指标层 C 相对于要素层 B 中 B_9 的判断矩阵的构建

要素层 B_9	C_{11}	C_{12}
C_{11}	1	2/3
C_{12}	3/2	1

由判断矩阵可得，$\lambda_{\max} = 2$，则判断矩阵具有满意的一致性，得出结果见表6.2-24。

表 6.2-24　　　　　　　指标层 C_{11}、C_{12} 指标权重系数

要素层 B	指标层 C	层次单排序权重	总排序权重
水域人文景观 B_9	水景观美景度 C_{11}	0.4000	0.0108
	水景观设施满意度 C_{12}	0.6000	0.0161

4）建立指标层 C 相对于要素层 B 中 B_{10} 的判断矩阵，见表6.2-25。

表 6.2-25　　　　指标层 C 相对于要素层 B 中 B_{10} 的判断矩阵的构建

要素层 B_{10}	C_{13}	C_{14}
C_{13}	1	1
C_{14}	1	1

由判断矩阵可得，$\lambda_{\max} = 2$，则判断矩阵具有满意的一致性，得出结果见表6.2-26。

表 6.2-26　　　　　　　指标层 C_{13}、C_{14} 指标权重系数

要素层 B	指标层 C	层次单排序权重	总排序权重
水文化体验 B_{10}	虹鳟鱼美食体验 C_{13}	0.5000	0.0202
	水源与生活文化体验 C_{14}	0.5000	0.0202

5）建立指标层 C 相对于要素层 B 中 B_{11} 的判断矩阵，见表6.2-27。

表 6.2-27　　　　指标层 C 相对于要素层 B 中 B_{11} 的判断矩阵的构建

要素层 B_{11}	C_{15}	C_{16}
C_{15}	1	2
C_{16}	1/2	1

由判断矩阵可得，$\lambda_{\max} = 2$，则判断矩阵具有满意的一致性，得出结果见表6.2-28。

表 6.2-28 指标层 C_{15}、C_{16} 指标权重系数

要素层 B	指标层 C	层次单排序权重	总排序权重
水文化理念 B_{11}	生活节水器具普及率 C_{15}	0.6667	0.0179
	水文化普及率 C_{16}	0.3333	0.0090

6）建立指标层 C 相对于要素层 B 中 B_{12} 的判断矩阵，见表 6.2-29。

表 6.2-29 指标层 C 相对于要素层 B 中 B_{12} 的判断矩阵的构建

要素层 B_{12}	C_{17}	C_{18}	C_{19}
C_{17}	1	2	2
C_{18}	1/2	1	1
C_{19}	1/2	1	1

由判断矩阵可得，$\lambda_{\max} = 3$，则判断矩阵具有满意的一致性，得出结果见表6.2-30。

表 6.2-30 指标层 $C_{17} \sim C_{19}$ 指标权重系数

要素层 B	指标层 C	层次单排序权重	总排序权重
水资源管理 B_{12}	再生水利用率 C_{17}	0.5000	0.0387
	取水许可率 C_{18}	0.2500	0.0194
	用水计量率 C_{19}	0.2500	0.0194

7）建立指标层 C 相对于要素层 B 中 B_{13} 的判断矩阵，见表 6.2-31。

表 6.2-31 指标层 C 相对于要素层 B 中 B_{13} 的判断矩阵的构建

要素层 B_{13}	C_{20}	C_{21}	C_{22}
C_{20}	1	5/3	5/3
C_{21}	3/5	1	1
C_{22}	3/5	1	1

由判断矩阵可得，$\lambda_{\max} = 3$，则判断矩阵具有满意的一致性，得出结果见表6.2-32。

表 6.2-32 指标层 $C_{20} \sim C_{22}$ 指标权重系数

要素层 B	指标层 C	层次单排序权重	总排序权重
水环境管理 B_{13}	污水收集与集中处理率 C_{20}	0.4545	0.0587
	入湖排污口监管率 C_{21}	0.2727	0.0352
	水质监测率 C_{22}	0.2727	0.0352

根据已求取的各层指标权重向量，由层次分析法确定各层指标权重及指标层各评

价指标总排序权重值（表 6.2 - 33）。可知子系统权重值排序为：水环境、水生态、水管理、水安全、水景观、水文化，水环境和水生态同等重要，水景观与水文化同等重要，水管理在整个指标体系中也占相对重要的位置，同时也要重视水安全方面的建设发展，在整个体系中水景观和水文化人文作用较为强烈，目标可达性较强，所占比例不大，但其评价结果仍会直接作用于整体水生态文明建设与发展水平；其中水功能区水质达标率指标和湖泊生态需水满足程度指标相对重要（前两名），这二者的评价结果将直接影响着整个水生态文明评价结果，需要着重注意这两方面的发展建设。

表 6.2 - 33　　雁栖湖生态发展示范区水生态文明评价指标体系各指标权重

指标体系	系统层 A	要 素 层 B	指 标 层 C	总排序权重
雁栖湖生态发展示范区水生态文明评价指标体系（Ⅰ）	水安全 A_1 (0.1318)	防洪安全 B_{11}(0.6667)	防洪工程达标率 C_{111}(1.0000)	0.0879
		供水安全 B_{12}(0.3333)	人均水资源量 C_{121}(1.0000)	0.0439
	水环境 A_2 (0.2636)	流域水环境 B_{21}(0.5625)	水功能区水质达标率 C_{211}(1.0000)	0.1483
		湖泊水环境 B_{22}(0.4375)	湖泊富营养化指数 C_{221}(0.5833)	0.0673
			水功能区限制排污总量控制率 C_{222} (0.4167)	0.0481
	水生态 A_3 (0.2636)	流域生态 B_{31}(0.0810)	生物多样性指数 C_{311}(1.0000)	0.0214
		湖泊生态 B_{32}(0.7306)	湖泊生态需水满足程度 C_{321}(1.0000)	0.1926
		湿地生态 B_{33}(0.1884)	候鸟栖息地面积变化率 C_{331}(1.0000)	0.0497
	水景观 A_4 (0.0672)	水域自然景观 B_{41} (0.6000)	水面面积比例 C_{411}(0.6250)	0.0252
			涉水风景区个数 C_{412}(0.3750)	0.0151
		水域人文景观 B_{42} (0.4000)	水景观美景度 C_{421}(0.4000)	0.0108
			水景观设施满意度 C_{422}(0.6000)	0.0161
	水文化 A_5 (0.0672)	水文化体验 B_{51} (0.6000)	虹鳟鱼美食体验 C_{511}(0.5000)	0.0202
			水源与生活文化体验 C_{512}(0.5000)	0.0202
		水文化理念 B_{52} (0.4000)	生活节水器具普及率 C_{521}(0.6667)	0.0179
			水文化普及率 C_{522}(0.3333)	0.0090
	水管理 A_6 (0.2066)	水资源管理 B_{61} (0.3750)	再生水利用率 C_{611}(0.5000)	0.0387
			取水许可率 C_{612}(0.2500)	0.0194
			用水计量率 C_{613}(0.2500)	0.0194
		水环境管理 B_{62} (0.6250)	污水收集与集中处理率 C_{621}(0.4546)	0.0587
			入湖排污口监管率 C_{622}(0.2727)	0.0352
			水质监测率 C_{623}(0.2727)	0.0352

6.3 示范区水生态文明建设评价指标阈值研究

阈值是指某系统或物质状态发生剧烈改变的那一个点或区间。生态阈值是指生态系统从一种状态快速转变为另一种状态的某个点或一段区间，推动这种转变的动力来自某个或多个关键生态因子微弱的附加改变。对生态阈值进行研究并运用于生态系统的管理，可促进生态系统持续健康的发展。本研究针对评价指标进行阈值的研究和确定，在当前示范区水生态文明发展状态基础上，试图寻求水生态系统健康良性的不断发展，并为提高雁栖湖生态发展示范区水生态文明建设与发展水平提供科学依据。

6.3.1　指标阈值研究的理论基础

（1）耗散结构理论。一个远离平衡态的非线性的开放系统，与外界不断进行着物质、能量和信息的交换，这会导致系统内部某些参量产生变化，当其达到一定阈值时，系统可能会产生突变或非平衡相变，由混沌无序状态向新的有序状态转变。该理论解决了热力学定律所无法解释的系统从无序到有序、从简单到复杂、从低级到高级的进化过程。耗散结构理论描述了阈值的存在性及其对自组织开放系统性质突变的意义，为进行阈值研究提供了理论上的支撑。

（2）协同理论。系统中的各子系统之间不断进行着相互作用和相互协作，在一定条件下，系统会转变为新的结构和功能，而系统结构和功能的转变关键在于阈值的范围。协同理论是耗散结构理论的突破与推广，主要通过构建一套完整的数学模型进行现象处理并提出可行性方案，该方法得到了推广和应用。

（3）突变理论。突变理论明确地提出了系统的内因和外因之间的关系，外因对系统是否产生突变存在着决定性的作用，只有当系统内部的控制变量达到一定的临界值时，突变现象才有可能发生。系统的状态变量是随着控制变量的改变而改变，控制变量的细微变化都有可能导致整个系统性质的变化，尤其是在临界值处。突变理论的提出及不断研究，进一步说明阈值在系统性质变化中的存在意义，为进行系统演变规律的研究及阈值的推求提供了理论支持。

6.3.2　指标阈值的确定方法

阈值是决定事物发生性质改变的控制变量，它主要变现为阈值点和阈值带。阈值的确定取决于事物自身运动变化的规律和人们的价值判断，不同研究领域其特定研究对象的阈值确定方法亦有所不同，主要分为数值方法和一般性方法。

数值方法主要有回归模型分析法、序列分析法、仿真模拟法、矩守恒法。其中，回归模型分析法主要是将系统要素分为状态和控制要素，通过分析要素间相互作用关系与性质，建立回归分析模型，通过模型求解得出阈值；序列分析法是通过对影响评价对象功能的某一要素所处不同状态的效能序列的比较结果来确定的；仿真模拟法是在系统分析的基础上，建立仿真模型来确定阈值；矩守恒法是基于图像的灰度直方图，以目标和背景的类间方差最大或类内方差最小为阈值选取准则，在一定情况下可取得良好的分割效果。

一般性方法主要有标准参照法、文献引用法、数据分析法、专家评判法、现场勘查法，通常采用一般性方法确定指标阈值，与数值方法互为补充。其中，标准参照法是指标的阈值直接采用政府等行政部门颁布的各类行业标准、规范、规定、导则、规程和条例中的标准化进行取值；文献引用法是根据已有的研究或调查成果，确定所研究的单一或部分指标的历史性取值；数据分析法是根据已有的历史数据，通过一定的分析和运算，以确定研究目标量的定量化取值；专家评判法是通过本行业领域专家会议讨论、协商或发放问卷调查，根据专家的经验确定每一项指标的经验化取值；现场勘查法是根据研究目的进行现场勘查、调查、问卷、采样与分析，获取目标量现状条件取值。

6.3.3 水生态文明建设评价指标阈值的确定

根据各评价指标的属性，结合雁栖湖生态发展示范区的实际情况和水生态文明建设目标要求，按照指标阈值确定的原则，采用一般性方法进行阈值的划分，有针对性地选择标准参照法、文献引用法、数据分析法、专家评判法、现场勘查法等技术手段进行研究的同时，参考国内外最新研究成果和后续的关键技术研究成果合理确定各指标的分级阈值标准。由此，本研究将雁栖湖生态发展示范区评价指标按照优、良、中、差、劣分为 5 个等级，分别用 Ⅰ、Ⅱ、Ⅲ、Ⅳ、Ⅴ 表示，并提出各指标评价标准。

6.3.3.1 水安全子系统指标阈值

（1）防洪安全。防洪工程达标率：通过流域防洪工程措施的实施情况资料及现场调查资料的收集，获取流域防洪堤防总长度及其达标长度的资料，进行流域防洪工程达标率的计算。根据所获取的资料，初设防洪工程达标率评价标准（表 6.3－1），根据该标准进行分级。

表 6.3－1　　　　　　　　防洪工程达标率评价标准

评价指标	评 价 标 准				
	Ⅰ	Ⅱ	Ⅲ	Ⅳ	Ⅴ
防洪工程达标率/%	≥90	80～90	70～80	60～70	<60

（2）供水安全。人均水资源量根据相关的统计分析资料，参考已有的评价标准，设立该指标的分级阈值标准见表 6.3－2。

表 6.3－2　　　　　　　　人均水资源量评价标准

评价指标	评 价 标 准				
	Ⅰ	Ⅱ	Ⅲ	Ⅳ	Ⅴ
人均水资源量/m³	≥3500	1700～3500	1000～1700	500～1000	<500

6.3.3.2 水环境子系统指标阈值

（1）流域水环境。水功能区水质达标率：采用《全国水资源保护规划技术大纲》（2012 年 9 月）中的水功能区水质达标率评价标准，见表 6.3－3。

表 6.3－3　　　　　　　　水功能区水质达标率评价标准

评价指标	评 价 标 准				
	Ⅰ	Ⅱ	Ⅲ	Ⅳ	Ⅴ
水功能区水质达标率/%	≥90	70～90	60～70	40～60	<40

（2）湖泊水环境。湖泊富营养化指数：可采用《地表水资源质量评价技术规程》（SL 395—2007）中的规定进行评价，评价项目包括 TP、TN、Chl-a、COD_{Mn} 和 SD5 个。湖泊富营养化指数评价标准见表 6.3-4。

表 6.3-4 湖泊富营养化指数评价标准

评 价 指 标	评 价 标 准				
	Ⅰ	Ⅱ	Ⅲ	Ⅳ	Ⅴ
湖泊富营养化指数（无量纲）	0~30	30~50	50~60	60~70	70~100

水功能区限制排污总量控制率：通过现场监测及资料收集，获取入湖污染物的排放总量，根据水功能区限制排污控制指标值进行该指标的评价，参考已有评价标准进行分级评价，其结果见表 6.3-5。

表 6.3-5 水功能区限制排污总量控制率评价标准

评 价 指 标	评 价 标 准				
	Ⅰ	Ⅱ	Ⅲ	Ⅳ	Ⅴ
水功能区限制排污总量控制率/%	≥90	70~90	60~70	40~60	<40

6.3.3.3 水生态子系统指标阈值

（1）流域生态。生物多样性指数：反映了湖泊水体中的生物受水环境的影响程度，本书采用 Shannon-Wiener 生物多样性指数进行评定，参考已有评价标准，根据表 6.3-6 进行分级阈值研究。

表 6.3-6 生物多样性指数评价标准

评 价 指 标	评 价 标 准				
	Ⅰ	Ⅱ	Ⅲ	Ⅳ	Ⅴ
生物多样性指数（无量纲）	≥1	1~0.5	0.5~0.3	0.3~0.1	<0.1

（2）湖泊生态。湖泊生态需水满足程度：根据相关的统计分析资料，参考已有的评价标准，设立该指标的分级阈值标准，见表 6.3-7。

表 6.3-7 湖泊生态需水满足程度评价标准

评 价 指 标	评 价 标 准				
	Ⅰ	Ⅱ	Ⅲ	Ⅳ	Ⅴ
湖泊生态需水满足程度/%	≥90	80~90	60~80	50~60	<50

（3）湿地生态。候鸟栖息地面积变化率：根据获取的近年来雁栖湖流域湿地面积情况，通过湿地面积变化率的数值模拟分析及专家判断分析，合理地确定该指标的分级阈值标准，见表 6.3-8。

表 6.3-8　　　　　　　　候鸟栖息地面积变化率评价标准

评 价 指 标	评 价 标 准				
	Ⅰ	Ⅱ	Ⅲ	Ⅳ	Ⅴ
候鸟栖息地面积变化率/%	<7	7～14	14～28	28～32	≥32

6.3.3.4　水景观子系统指标阈值

（1）水域自然景观。水面面积比例：根据相关的统计分析资料，参考《城市水系规划导则》（SL 431—2008）中的相关标准，设立该指标的分级评价标准，见表 6.3-9。

表 6.3-9　　　　　　　　　水面面积比例评价标准

评 价 指 标	评 价 标 准				
	Ⅰ	Ⅱ	Ⅲ	Ⅳ	Ⅴ
水面面积比例/%	≥5	3～5	2～3	1～2	<1

涉水风景区个数：参考已有评价标准，其分级评价标准见表 6.3-10。

表 6.3-10　　　　　　　　涉水风景区个数评价标准

评 价 指 标	评 价 标 准				
	Ⅰ	Ⅱ	Ⅲ	Ⅳ	Ⅴ
涉水风景区个数/个	≥3	2～1	0	—	—

（2）水域人文景观。水域人文景观中的 2 个评价指标，均为定性指标，对其进行定性判断。主要通过问卷调查、访谈进行数据的获取。

水景观美景度：根据问卷调查与专家打分法，水景观美景度的评价标准见表 6.3-11。

表 6.3-11　　　　　　　　水景观美景度评价标准

评 价 指 标	评 价 标 准				
	Ⅰ	Ⅱ	Ⅲ	Ⅳ	Ⅴ
水景观美景度（无量纲）	≥5	4～5	3～4	2～3	<2

水景观设施满意度：根据问卷调查与专家打分法，水景观美景度的评价标准见表 6.3-12。

表 6.3-12　　　　　　　　水景观设施满意度评价标准

评 价 指 标	评 价 标 准				
	Ⅰ	Ⅱ	Ⅲ	Ⅳ	Ⅴ
水景观设施满意度（无量纲）	≥5	4～5	3～4	2～3	<2

6.3.3.5　水文化子系统指标阈值

（1）水文化体验。水文化建设中的 2 个要素指标，均为定性指标，对其进行定性判断。主要通过问卷调查、专家访谈进行数据的获取。

1）虹鳟鱼美食体验：根据问卷调查与专家打分法，虹鳟鱼美食体验评价标准见表6.3-13。

表6.3-13　　　　　　　　　虹鳟鱼美食体验评价标准

评 价 指 标	评 价 标 准				
	Ⅰ	Ⅱ	Ⅲ	Ⅳ	Ⅴ
虹鳟鱼美食体验(无量纲)	≥0.40	0.20～0.40	0.10～0.20	0.05～0.10	<0.05

2）水源与生活文化体验：根据问卷调查与专家打分法，水源与生活文化体验的评价标准见表6.3-14。

表6.3-14　　　　　　　　水源与生活文化体验评价标准

评 价 指 标	评 价 标 准				
	Ⅰ	Ⅱ	Ⅲ	Ⅳ	Ⅴ
水源与生活文化体验(无量纲)	≥0.45	0.25～0.45	0.15～0.25	0.05～0.15	<0.05

（2）水文化理念。

1）生活节水器具普及率：根据可获取相关的统计资料，并与雁栖湖生态发展示范区所在流域的现场调查结果相结合，参考已有的评价标准，设立该指标的分级阈值标准（表6.3-15）。

表6.3-15　　　　　　　　生活节水器具普及率评价标准

评 价 指 标	评 价 标 准				
	Ⅰ	Ⅱ	Ⅲ	Ⅳ	Ⅴ
生活节水器具普及率/%	≥90	80～90	70～80	50～70	<50

2）水文化普及率：通过水文化普及率的计算，参考已有的阈值研究，设立雁栖湖生态发展示范区水文化普及率指标的评价标准，见表6.3-16。

表6.3-16　　　　　　　　　水文化普及率评价标准

评 价 指 标	评 价 标 准				
	Ⅰ	Ⅱ	Ⅲ	Ⅳ	Ⅴ
水文化普及率/%	≥80	60～80	40～60	20～40	<20

6.3.3.6　水管理子系统指标阈值

（1）水资源管理。再生水利用率：根据相关的统计分析资料，参考已有的评价标准，设立该指标的分级阈值标准（表6.3-17）。

表6.3-17　　　　　　　　　再生水利用率评价标准

评 价 指 标	评 价 标 准				
	Ⅰ	Ⅱ	Ⅲ	Ⅳ	Ⅴ
再生水利用率/%	≥85	80～85	50～80	30～50	<30

取水许可率：根据相关的统计分析资料，参考已有的评价标准，设立该指标的分级阈值标准（表6.3-18）。

表6.3-18　　　　　　　　　取水许可率评价标准

评价指标	评价标准				
	Ⅰ	Ⅱ	Ⅲ	Ⅳ	Ⅴ
取水许可率/%	≥90	80～90	70～80	40～70	<40

用水计量率：根据相关的统计分析资料，参考已有的评价标准，设立该指标的分级阈值标准（表6.3-19）。

表6.3-19　　　　　　　　　用水计量率评价标准

评价指标	评价标准				
	Ⅰ	Ⅱ	Ⅲ	Ⅳ	Ⅴ
用水计量率/%	≥85	80～85	50～80	30～50	<30

（2）水环境管理。污水收集与集中处理率：根据相关的统计分析资料，参考已有的评价标准，设立该指标的分级阈值标准（表6.3-20）。

表6.3-20　　　　　　　污水收集与集中处理率评价标准

评价指标	评价标准				
	Ⅰ	Ⅱ	Ⅲ	Ⅳ	Ⅴ
污水收集与集中处理率/%	≥90	85～90	60～85	25～60	<25

入湖排污口监管率：根据相关的统计分析资料，参考已有的评价标准，设立该指标的分级阈值标准（表6.3-21）。

表6.3-21　　　　　　　　入湖排污口监管率评价标准

评价指标	评价标准				
	Ⅰ	Ⅱ	Ⅲ	Ⅳ	Ⅴ
入湖排污口监管率/%	≥90	80～90	70～80	50～70	<50

水质监测率：需要通过资料的收集以及现场调查，获得相关资料，通过统计分析及数值模拟，合理的确定该指标的分级阈值标准（表6.3-22）。

表6.3-22　　　　　　　　　水质监测率评价标准

评价指标	评价标准				
	Ⅰ	Ⅱ	Ⅲ	Ⅳ	Ⅴ
水质监测率/%	≥90	80～90	70～80	50～70	<50

雁栖湖生态发展示范区水生态文明指标评价标准详见表6.3-23。

表 6.3-23 　　　　　　　　雁栖湖生态发展示范区水生态文明指标评价标准

评 价 指 标	评 价 标 准				
	Ⅰ	Ⅱ	Ⅲ	Ⅳ	Ⅴ
防洪工程达标率/%	≥90	80～90	70～80	60～70	＜60
人均水资源量/m³	≥3500	1700～3500	1000～1700	500～1000	＜500
水功能区水质达标率/%	≥90	70～90	60～70	40～60	＜40
湖泊富营养化指数(无量纲)	0～30	30～50	50～60	60～70	70～100
水功能区限制排污总量控制率/%	≥90	70～90	60～70	40～60	＜40
生物多样性指数(无量纲)	≥1	1～0.5	0.5～0.3	0.3～0.1	＜0.1
湖泊生态需水满足程度/%	≥90	80～90	60～80	50～60	＜50
候鸟栖息地面积变化率/%	＜7	7～14	14～28	28～32	≥32
水面面积比例/%	≥5	3～5	2～3	1～2	＜1
涉水风景区个数/个	≥3	2～1	0	—	—
水景观美景度(无量纲)	≥5	4～5	3～4	2～3	＜2
水景观设施满意度(无量纲)	≥5	4～5	3～4	2～3	＜2
生活节水器具普及率/%	≥90	80～90	70～80	50～70	＜50
水文化普及率/%	≥80	60～80	40～60	20～40	＜20
虹鳟鱼美食体验(无量纲)	≥0.40	0.20～0.40	0.10～0.20	0.05～0.10	＜0.05
水源与生活文化体验(无量纲)	≥0.45	0.25～0.45	0.15～0.25	0.05～0.15	＜0.05
再生水利用率/%	≥85	80～85	50～80	30～50	＜30
取水许可率/%	≥90	80～90	70～80	40～70	＜40
用水计量率/%	≥80	60～80	40～60	20～40	＜20
污水收集与集中处理率/%	≥90	85～90	60～85	25～60	＜25
入湖排污口监管率/%	≥90	80～90	70～80	50～70	＜50
水质监测率/%	≥90	80～90	70～80	50～70	＜50

6.4 雁栖湖生态发展示范区水生态文明建设评价

6.4.1 雁栖湖生态发展示范区数据收集与整理

6.4.1.1 水安全子系统评价指标

通过对雁栖湖生态发展示范区上游雁栖河流域进行实地调查研究发现（2016年5—6月），雁栖湖流域旅游景区旅游业发展迅猛，餐饮、休闲及娱乐等服务业蓬勃发展。餐饮、休闲及娱乐等场所多沿河建设，通过拦河建坝（堤），达到顺利取水、休闲戏水、垂钓等目的。同时对河流水资源的无序利用，造成河流下游河段水量出现"时小时大"的现象。经实地调查，雁栖河沿河两岸分布有60多处堤（堰），建设密度较大，几乎每相隔约20m就会设有一处堤（堰），水资源开发利用过度且呈无序状态，严重影响着生态清洁小流域的建设，同时也为小流域行洪安全带来了隐患。

（1）防洪工程达标率。经实地调查研究，雁栖湖流域河道两岸均设有堤防、河道整治工程与水库防洪工程等，雁栖河上游每隔 100m 均设有防洪应急避险区，经专家咨询分析，防洪工程达标率指标值约为 80%，根据指标评价阈值其处于"良"的状态，山区小流域防洪安全达标。

（2）人均水资源量。雁栖湖平均库容为 22200330m³，总人口为 3792 人，人均水资源量约 5855m³，大于 3500m³，该研究区暂不存在水供需矛盾，指标评价为优。

6.4.1.2 水环境子系统评价指标

经过实地调查显示，雁栖湖周边的生活污水均通过环湖截污干线收集和输运系统进入雁栖镇污水处理厂进行集中处理后排放到雁栖湖下游，不入湖，雁栖湖区水环境质量主要受雁栖河流域上游来水水量与水质影响。

1. 雁栖湖水质分析

（1）水体理化指标时空变化特征。根据对 2016 年 3—8 月雁栖湖 1 号、2 号、3 号监测点的样品水质检测数据进行统计分析，得到该期间雁栖湖水体理化指标统计结果（表 6.4-1），并通过单因素方差分析，结果显示 TN、BOD_5、NH_3—N、Chl-a 等指标呈现显著的月变化（图 6.4-1），而在空间上各指标均未出现明显的差异性变化（表 6.4-2）。

表 6.4-1　　　　　　　2016 年雁栖湖水体理化指标统计结果

项 目	TP/(mg/L)	TN/(mg/L)	BOD_5/(mg/L)	NH_3—N/(mg/L)	COD_{Mn}/(mg/L)	Chl-a/(μg/L)
平均值	0.04	2.65	3.74	0.06	3.56	7.52
标准差	0.03	3.57	2.46	0.05	0.89	9.51
最小值	0.02	0.53	1.00	0.01	2.62	0.06
最大值	0.11	12.95	9.10	0.17	6.45	29.07
变异系数	72	135	66	73	25	126

注　变异系数单位为%。

表 6.4-2　　　　　　　2016 年雁栖湖水体理化指标统计的空间变化

测 点	TP/(mg/L)	TN/(mg/L)	BOD_5/(mg/L)	NH_3—N/(mg/L)	COD_{Mn}/(mg/L)	Chl-a/(μg/L)
1	0.05	1.32	3.85	0.08	3.55	6.21
2	0.04	3.13	3.52	0.05	3.26	8.12
3	0.03	3.51	3.87	0.05	3.86	8.24

各月份 TP 浓度为 0.02~0.11mg/L，其中有 27.78% 的数据超出Ⅲ类水质标准。各月份 TN 浓度为 0.53~12.95mg/L，月均值为 2.65mg/L，最大值和最小值分别出现在 8 月和 3 月，3 月指标浓度达到最大值，4 月骤然降低，呈现出 3—5 月降低的趋势，5—8 月较稳定且有小幅度上升趋势，春季氮浓度高于夏季。

BOD_5 浓度为 1.00~9.10mg/L，月均值为 3.74mg/L，最小值和最大值分别出

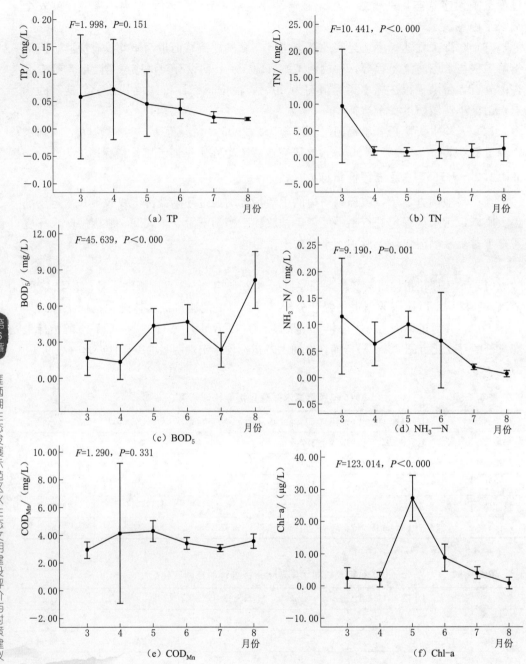

图 6.4-1 2016 年雁栖湖水体理化指标统计的月变化

现在 4 月和 8 月，在 4 月和 7 月有下降的趋势，之后又陡然升高，其中 38.89％数据超出Ⅲ类水质标准，夏季浓度相对较高，其水质污染主要集中在夏季。

各月份 NH_3—N 浓度为 0.01～0.17mg/L，最小值和最大值分别出现在 8 月和 3 月，从 3 月到 4 月，呈现出降低趋势，5 月又达到了第二最高点，之后 5—8 月呈现出逐渐降低趋势，总体而言，3—5月较大，5—8月逐渐降低，春季高于夏季，其变化规律与 TN 规律相似。

各月份 COD_{Mn} 为 2.62～6.45mg/L，除 4 月和 5 月数值稍高（大于 4.00mg/L）外，其他月份均较小（小于 4.00mg/L）且无明显差异，总体上看其含量相对较低且无明显的季节性变化；且各样点间 COD_{Mn} 月均值差异也较小（3.26～3.86mg/L），说明雁栖湖水体有机污染程度相对较轻。由监测结果可知，该指标水质类别为Ⅱ～Ⅲ类，满足水功能区水质类别要求。

各月份 Chl-a 为 0.06～29.07μg/L，月均值为 7.52μg/L，最大值和最小值分别出现在 5 月和 8 月，时间变化趋势为：从 3 月到 5 月总体升高，在 5 月达到最大值，之后不断下降，在 8 月达到最小值，空间变化不明显。

（2）湖泊水质现状评价。采用水质标识指数法对雁栖湖水质进行综合评价（TN 参与评价）。由表 6.4-3 可知，雁栖湖 4—8 月水质相对较好，其中 4 月、5 月、7 月水质达到水功能区水质类别的要求（Ⅲ类），6 月、8 月水质相对较差，为Ⅳ类水，3 月水质最差为劣Ⅴ类。

采用综合营养状态指数法对雁栖湖水体营养状况进行评价，主要选择 TP、TN、Chl-a、COD_{Mn} 和 SD 5 个评价指标。通过计算得出雁栖湖综合营养状态指数（表 6.4-3）。各月综合营养状态指数为 37.39～49.76，年平均值为 43.42，均为中营养状态，其中 5 月综合营养状态指数最大（49.76），接近富营养状态临界值，雁栖湖存在较高的富营养化风险。

表 6.4-3　　　　　　　　　雁栖湖各采样点综合水质评价结果

月份	综合水质标识指数	综合水质类别	综合营养状态指数	营养状态	超标指标
3	7.3	劣Ⅴ	37.39	中营养	TN、TP
4	3.9	Ⅲ	46.57	中营养	TN、TP
5	3.9	Ⅲ	49.76	中营养	BOD_5
6	4.4	Ⅳ	46.44	中营养	TN、BOD_5
7	3.6	Ⅲ	40.97	中营养	TN
8	4.7	Ⅳ	39.41	中营养	TN、BOD_5

通过单因子污染指数法，对雁栖湖单项水质指标进行评价，评价结果如图 6.4-2 所示，可知主要超标指标为 TP、TN 和 BOD_5，其中 TN 只有 5 月达标，其余月份均超标，且超标幅度较大；TP 在 3 月和 4 月超标，其余月份均达标，超标幅度相对较大；BOD_5 在 5 月、6 月和 8 月超标，其余月份均达标，且超标幅度相对较小。

2. 雁栖湖流域点源污染分析

根据对长园河两岸的长元村、莲花池村，雁栖河两岸的神堂峪村、官地村、石片村以及沿河两岸的主要餐饮企业进行现场调查、实地走访调查和入河污染物估算，结果如图 6.4-3 所示。当前雁栖河流域年排放入河的 TP、TN 污染负荷量分别为 1551.52kg/年、9619.95kg/年，其中主要餐饮企业排水增加的入河 TP、TN 负荷量

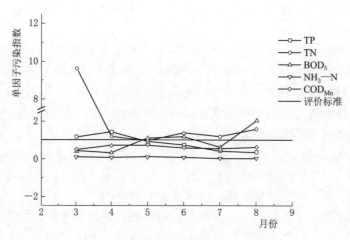

图 6.4-2　雁栖湖单项水质指标评价结果

分别为 203.69kg/年、1895.43kg/年，分别占入河总量的 13.1%、19.7%；规模化渔场养殖引排水增加的 TP、TN 负荷量分别为 1265.38kg/年、6748.72kg/年，分别占入河总量的 81.6%、70.2%；民俗村排污入河的 TP、TN 负荷量分别为 82.45kg/年、975.81kg/年，分别占入河总量的 5.3%、10.1%。其中，渔场养殖负荷比最大，其次为主要餐饮企业和民俗接待。

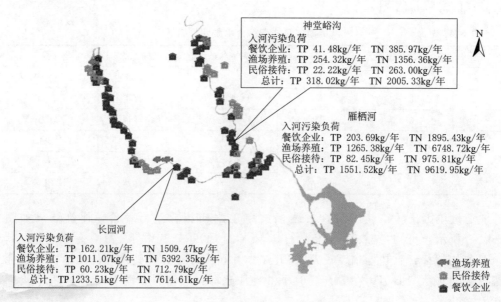

图 6.4-3　雁栖湖流域污染源调查结果

3. 评价指标值计算

（1）水功能区水质达标率。根据上述雁栖湖水质评价结果分析可知，雁栖湖水质相对较好，总体满足水功能区水质类别Ⅲ类水的要求，个别月份水质低于Ⅲ类，主要超标指标为 TP 和 TN，经计算雁栖湖水功能区水质达标率为 45%，水质污染问题仍较为突出，亟须寻求流域入河污染物削减与总量控制，确保雁栖湖流域上游河流区来水水质达标，并强化湖区水质净化途径和水质改善效果。

（2）湖泊富营养化指数。根据上述雁栖湖营养状态评价结果可知，雁栖湖水体富营养水平处于中营养状态，其中，2016 年 5 月综合营养指数达 49.76，接近富营养状态临界值，雁栖湖存在较高的富营养化风险。

（3）水功能区限制排污总量控制率。根据雁栖湖水环境容量核算和入湖污染物总量计算成果，计算得到雁栖湖水功能区限制排污总量控制率为71.45%，处于中等偏上水平，要加强对雁栖湖流域的水污染治理和水资源保护，减少雁栖湖上游河流区污染物的输入，降低湖泊富营养化指数，保护和改善雁栖湖区水环境质量。

6.4.1.3 水生态子系统评价指标

（1）生物多样性指数。为保证雁栖湖流域生态系统的完整性，调查区域内水生植物类型及分布情况，设置 6 个 2m×2m 的样方，进行生物多样性调查。调查发现水生植物主要以芦苇、鸢尾、狐尾藻为主，总盖度达 80%。根据公式计算 Shannon - Wiener 指数（H'）为 0.647，该区生物多样性处于较好的状态，水生态系统相对较好。

（2）湖泊生态需水满足程度。2015 年 10 月至 2016 年 7 月，雁栖湖流域总降雨量 252.3mm，总蒸发量 567.4mm，上游入湖径流量为 560 万 m^3，月均水位85.45m。经计算可得，雁栖湖生态需水满足程度基本达 75%，水生态环境相对较好，但仍然存在水资源浪费等现象，易出现生态环境供水量不足的问题，仍然存在生态需水无法较好满足的风险。

（3）候鸟栖息地面积变化率。根据实地调查与统计数据分析可知，雁栖湖生态环境保护相对较好，湿地生境未遭到破坏，湿地面积变化率较小（小于 5%），可见雁栖湖生态发展示范区建设在湿地保护和开发上，做到了较好的协调，也体现了雁栖湖"绿色、生态"发展的特色。

6.4.1.4 水景观子系统评价指标

1. 水域人文景观问卷调查分析

（1）调查样本分析。水域人文景观评价指标以定性为主，通过景区问卷调查，将定性指标数据化，对评价指标进行分析评价。本次调查共发放问卷 50 份，回收有效问卷 50 份，有效问卷率达 100%。被调查者多为国家机关（企业事业单位）人员、私营业主和学生，共占 66%，男女比例较为均匀，男性占有效样本数的 52%，女性占 48%；年龄集中在 19～39 岁，占 66%；文化程度以中专及本科学历为主，占80%；在收入结构上，主要为 1000～10000 元，占 70%；其中 72% 来自北京，28%来自国内其他省份。

（2）问卷调查效度和信度分析。问卷中关于游览后各指标打分的信度检验结果显示（表 6.4-4），克隆巴赫 Alpha 和基于标准化项的克隆巴赫 Alpha 的一致性系数均大于 0.900，表明各指标之间具有较好的内在一致性，可靠性较强；同时游览后各指标打分情况分析的 KMO 值为 0.865，P 值为 0.000，认为适合进行因子分析，有效程度较高，详细结果见表 6.4 - 5。

表 6.4 - 4　　　　　　　　　　可 靠 性 统 计

克隆巴赫 Alpha	基于标准化项的克隆巴赫 Alpha	项　　数
0.906	0.910	12

表 6.4 - 5　　　　　　　　　　KMO 和巴特利特检验

KMO 值		0.865
巴特利特球形度检验	近似卡方	301.677
	自由度	66
	显著性	0.000

（3）评价指标描述性分析。从表 6.4 - 6 来看，各指标的评价水平及其差异程度有所不同。水体质量满意度评价值的标准差为 1.000，评价结果差异较大，平均值为 4.02，对雁栖湖水体质量评价总体较好；其他指标评价值的标准差均小于 1.000，问卷调查对象对这些指标的评价结果相对一致，除休闲活动的丰富度评价值小于 4 外，其他指标评价值均大于 4，其中整体自然风景美观度和空气质量的满意度评价值最高，可见人们对于雁栖湖水域人文景观的满意度较高。

表 6.4 - 6　　　　　　　　各评价指标描述性分析结果

评 价 指 标	平 均 值	标 准 差	个 案 数
整体自然风景美观度	4.34	0.688	50
植被景观美景度	4.24	0.744	50
人工建筑的优美度	4.22	0.648	50
设施设置的合理度	4.04	0.781	50
游览路径的满意度	4.08	0.829	50
休闲活动的丰富度	3.88	0.895	50
休闲环境的舒适度	4.04	0.755	50
自然环境保持的满意度	4.18	0.774	50
亲水设施的满意度	4.08	0.853	50
水体质量的满意度	4.02	1.000	50
空气质量的满意度	4.42	0.673	50
景区交通满意度	4.12	0.849	50

（4）评价因子得分。

1）提取主成分和公因子。通过主成分分析法，对水域人文景观评价提取出 2 个公因子，将提取出的 2 个公因子称为评价因子，评价因子累计贡献率为 61.173%（表 6.4 - 7），能较好地解释对雁栖湖水域人文景观的评价。

成分	初始特征值			提取载荷平方和			旋转载荷平方和		
	总计	方差百分比	累积百分比	总计	方差百分比	累积百分比	总计	方差百分比	累积百分比
1	6.057	50.474	50.474	6.057	50.474	50.474	3.949	32.907	32.907
2	1.284	10.698	61.173	1.284	10.698	61.173	3.392	28.266	61.173
3	0.848	7.063	68.236						
4	0.776	6.467	74.702						
5	0.664	5.534	80.237						
6	0.606	5.048	85.285						
7	0.416	3.467	88.752						
8	0.354	2.952	91.703						
9	0.291	2.421	94.124						
10	0.273	2.276	96.400						
11	0.258	2.147	98.548						
12	0.174	1.452	100.000						

2）评价因子选择。从表 6.4－8 所示的公因子旋转结果可知，经过因子分析后，可用 2 个公因子解释雁栖湖水域人文景观。除休闲活动的丰富度共同度的 0.486 和游览路径的满意度共同度的 0.485 外，其他指标在 2 个公因子上的共同度多数大于 0.6，能基本反映原始数据信息的 60％以上，因子分析结果有效。

表 6.4－8　　　　　　　　　　　公因子旋转后的成分矩阵[a]

	公　因　子		共　同　度
	1	2	
人工建筑的优美度	0.876		0.679
设施设置的合理度	0.803		0.533
整体自然风景美观度	0.752		0.772
休闲环境的舒适度	0.708		0.674
自然环境保持的满意度	0.606		0.679
休闲活动的丰富度	0.605		0.486
植被景观美景度	0.595		0.627
景区交通满意度		0.806	0.609
亲水设施的满意度		0.725	0.594
游览路径的满意度		0.719	0.485
空气质量的满意度		0.675	0.547
水体质量的满意度		0.656	0.656

a　旋转在 3 次迭代后已收敛。

评价指标人工建筑的优美度、设施设置的合理度、整体自然风景美观度、休闲环境的舒适度、自然环境保持的满意度、休闲活动的丰富度和植被景观美景度，用于解释评价因子 1，这些指标有的表征自然景观美景度，有的表征人文景观美景度，综合反映了自然景观和人文景观相结合所体现出的水域人文景观美景度，我们称评价因子 1 为"水景观美景度"。

评价指标景区交通满意度、亲水设施的满意度、游览路径的满意度、空气质量的满意度和水体质量的满意度，用于解释评价因子 2，其中空气质量的满意度和水体质量的满意度表征对水体和空气质量的满意度，其他指标表征水景观设施满意度，剔除空气质量的满意度和水体质量的满意度指标，我们称评价因子 2 为"水景观设施满意度"。

3）评价因子得分。

根据因子分析法计算各评价指标的权重值，评价因子的权重和评价因子值分别见表 6.4-9 和表 6.4-10。水景观美景度评价均值为 4.1405，最大值为 5.0000，最小值为 3.2003，标准差为 0.5829（较小），评价值之间的差距较小；水景观设施满意度评价均值为 4.0967，最大值为 5.0000，最小值为 2.3162，标准差为 0.7005 较小，评价值差距较小。人们对水景观美景度评价相对较高，在相对较好之上，可见雁栖湖生态发展示范区建设做到了自然和人文的和谐统一；对水景观设施满意度评价均值较大，相对较好，但仍存在一些问题，需要继续完善设施建设和提高服务质量。

表 6.4-9 评价因子中各评价指标的权重值

评价因子	指标	权重	评价因子	指标	权重
水景观美景度	整体自然风景美观度	0.1516	水景观设施满意度	游览路径的满意度	0.2649
	植被景观美景度	0.0875		亲水设施的满意度	0.3163
	人工建筑的优美度	0.2422		景区交通满意度	0.4188
	设施设置的合理度	0.2002			
	休闲活动的丰富度	0.1064			
	休闲环境的舒适度	0.1350			
	自然环境保持的满意度	0.0771			

表 6.4-10 评 价 因 子 值

评价因子	个案数	最小值	最大值	平均值	标准差
水景观美景度	50	3.2003	5.0000	4.1405	0.5829
水景观设施满意度	50	2.3162	5.0000	4.0967	0.7005

2. 评价指标值计算

（1）水面面积比例。雁栖湖生态发展示范区以雁栖湖为核心，水面开阔，湖容量 3830 万 m^3，水面面积达 230hm^2。雁栖湖的自然地貌特征构成了雁栖湖生态发展示范区独特的水域景观。雁栖湖生态发展示范区整体规划范围 31km^2，水面面积比例达 7.42%，所占比例较大，达到水生态文明建设标准要求。

（2）涉水风景区个数。拥有一个国家 AAAA 级旅游景区雁栖湖，一个国家 AA 级旅游神堂峪旅游和 4 个市级民俗旅游接待村，涉水风景区有 2 个，水景观开发和建设发展相对较好。

（3）水景观美景度。通过景区问卷调查，采用因子分析法，对水景观美景度进行评价，水景观美景度评价均值为 4.1405，表明雁栖湖生态发展示范区水域人文景观建设，在尊重自然景观的基础上，其现代水域景观建设能满足人们的审美需求，达到较优状态，水生态文明建设现状较好。

（4）水景观设施满意度。通过景区问卷调查，采用因子分析法，对水景观设施满意度进行评价，水景观设施满意度评价均值为 4.0967，能满足人们亲水、近水的需求并得到了人们的认可，满意度较高。但距离 100％满意度还有一定的距离，需要雁栖湖生态发展示范区在后续的开发建设中，更多地注重设施建设的完善以及服务质量的提高。

6.4.1.5　水文化子系统评价指标

1. 水文化体验问卷调查分析

（1）问卷调查信度分析。水文化体验问卷调查（问题 5 和问题 6）结果分析的 KMO 值为 0.403，小于 0.7 但大于 0.4，存在一定的有效性；显著性分析 P 值为 0.000，认为适合进行因子分析，有一定的有效程度，详细分析结果见表 6.4-11。

表 6.4-11　　　　　　　　　KMO 值和巴特利特球形度检验

KMO 值		0.403
巴特利特球形度检验	近似卡方	124.499
	自由度	66
	显著性	0.000

（2）问卷调查结果描述。水文化体现评价主要从"问题 5：来这里做什么"和"问题 6：为何选择此处"两个问题进行，对调查者选择此处的主要目的和主要原因进行描述，调查结果详见表 6.4-12 和表 6.4-13。

表 6.4-12　　　　　　　　　来雁栖湖的主要目的描述

主要目的	徒步登山	观景活动	拍照	野营	带孩子科普学习	汲取山泉水	其他活动
比例/％	40	72	46	4	8	14	8

表 6.4-13　　　　　　　　　来雁栖湖的主要原因描述

主要原因	常来熟悉	家人朋友喜欢	度假村吸引	虹鳟鱼美食吸引	随机选择
比例/％	11	12	17	11	10

由表 6.4-12 可知，受调查者多是到雁栖湖游览进行观景活动，约占 72％；雁

栖湖有一条环湖登山步道，可以到达雁栖河上游的神堂峪风景区，一路上可以置身于山水之间，感受到徒步登山的乐趣，约占 40%；现代人们出行都随身带着手机或相机，可以在游览观赏的同时拍照留念，约占 46%；莲花池由莲花泉得名，泉水清澈无污染，可以直接饮用，在莲花池村的街道上，每隔 100m 就会有一个直流水龙头，方便游客汲取山泉水，占 14%；还有些调查者来此野营、带孩子科普学习及其他活动等。

由表 6.4-13 可知，受调查者多是由于各种各样的原因选择来到雁栖湖，其中度假村吸引率占到了 17%，比较有名的是长园河小流域上的山吧，其山水的完美结合以及丰富的水事活动吸引着众多的游客竞相到来；有 12% 的受调查者是因为家人朋友的喜欢而来此；有 11% 是受到了虹鳟鱼美食的诱惑，从虹鳟鱼的养殖到烹饪，已形成完整的产品体系；有 11% 是因为常来比较熟悉，10% 是进行的随机选择。

（3）评价因子得分。

1）提取主成分和公因子。通过主成分分析法，对水文化体验评价提取出 6 个公因子，将提取出的 6 个公因子称为评价因子，因子累计贡献率为 75.561%（表 6.4-14），能较好地解释对雁栖湖水域人文景观的评价。

表 6.4-14　　　　　　　　　　　评价因子的总方差解释

成分	初始特征值			提取载荷平方和			旋转载荷平方和		
	总计	方差百分比	累积百分比/%	总计	方差百分比	累积百分比/%	总计	方差百分比	累积百分比/%
1	2.333	19.438	19.438	2.333	19.438	19.438	2.003	16.692	16.692
2	1.979	16.490	35.929	1.979	16.490	35.929	1.656	13.797	30.488
3	1.455	12.122	48.050	1.455	12.122	48.050	1.450	12.087	42.575
4	1.257	10.477	58.527	1.257	10.477	58.527	1.446	12.054	54.629
5	1.024	8.532	67.059	1.024	8.532	67.059	1.325	11.043	65.673
6	1.020	8.502	75.561	1.020	8.502	75.561	1.187	9.888	75.561
7	0.810	6.753	82.314						
8	0.602	5.019	87.334						
9	0.570	4.749	92.082						
10	0.463	3.862	95.944						
11	0.325	2.711	98.655						
12	0.161	1.345	100.000						

2）评价因子选择

从表 6.4-15 所示的公因子旋转结果可知，经过因子分析后，可用 3 个公因子解释雁栖湖水文化体验要素。各指标在 6 个公因子上的共同度均大于 0.6，基本能反映原始数据信息的 60% 以上，因子分析结果有效。

来雁栖湖的主要目的或原因	公因子						共同度
	1	2	3	4	5	6	
度假村吸引	0.830						0.619
徒步登山	0.741						0.666
带孩子科普学习		0.826					0.676
常来熟悉		0.757					0.769
其他活动			−0.839				0.743
观景活动			0.735				0.660
家人朋友喜欢				−0.783			0.819
随机选择				0.718			0.766
拍照				0.529			0.869
野营					0.828		0.764
汲取山泉水					0.592		0.865
虹鳟鱼美食吸引						0.879	0.852

a. 旋转在3次迭代后已收敛。

评价因子1由度假村吸引和徒步登山2个指标进行解释，主要体现了雁栖湖水源与生活的体验，称评价因子1为"水源与生活文化体验"。

评价因子2由带孩子科普学习和常来熟悉2个指标进行解释，评价因子3由其他活动和观景活动2个指标进行解释，评价因子4由家人朋友喜欢、随机选择、拍照3个指标进行解释，均没有体现出雁栖湖独特的水文化体验，故将评价因子2、3和4舍弃。

评价因子5由野营和汲取山泉水2个指标进行解释，其中野营为0.828，汲取山泉水为0.592，未能体现出该地区独特的水文化现象，故将评价因子5舍弃。

评价因子6由虹鳟鱼美食吸引1个指标进行解释，由于该区已形成完整的虹鳟鱼产品体系，故将评价因子6称为"虹鳟鱼美食体验"。

3）评价因子得分。根据因子分析法计算各评价指标的权重值（表6.4－16），对各评价因子值进行计算（结果见表6.4－17）。水源与生活文化体验的评价均值为0.3675，虹鳟鱼美食体验的评价均值为0.2200，标准差均较小，评价值之间差距较小，说明人们对水文化体现的评价相对一致。

根据水源与生活文化体验评价因子中两个指标的权重值分别为0.4591和0.5409，将评价标准中优和良的界值定为0.45，将虹鳟鱼美食体验评价标准中优和良的界值定为0.40，根据表6.3－14评价标准划分可知，两个评价因子的评价值均处于良的发展水平，发展水平较好，但是仍然存在一定的发展空间，需要进一步加强水文化建设，充分体现出雁栖湖独特的水文化魅力。

6.4 雁栖湖生态发展示范区水生态文明建设评价

表 6.4 – 16			评价因子中各评价指标的权重值		
评价因子	指标	权重	评价因子	指标	权重
水源与生活文化体验	徒步登山	0.4591	虹鳟鱼美食体验	虹鳟鱼美食吸引	1
文化体验	度假村吸引	0.5409			

表 6.4 – 17		评 价 因 子 值			
评价因子	个案数	最小值	最大值	平均值	标准差
水源与生活文化体验	50	0.00	1.00	0.3675	0.41390
虹鳟鱼美食体验	50	0.00	1.00	0.2200	0.41845

2. 评价指标值计算

（1）虹鳟鱼美食体验。通过景区问卷调查，采用因子分析法对虹鳟鱼美食体验进行评价。虹鳟鱼美食体验评价均值为 0.2200，结果显示虹鳟鱼从养殖到烹饪已形成一套完整的美食产品体系，是雁栖湖流域独特水文化特色的一种体现。

（2）水源与生活文化体验。通过景区问卷调查，采用因子分析法对水源与生活文化体验进行评价。水源与生活文化体验评价均值为 0.3675，满足了人们对水文化的一种需求，是雁栖湖独特水文化特色的一种体现。

（3）生活节水器具普及率。调查结果可知，节水文化理念不断深入人心，为提高雁栖湖流域水资源利用效率，提倡使用生活节水器具，雁栖湖生态发展示范区生活节水器具普及率达到 80% 以上。

（4）水文化普及率。雁栖湖生态发展示范区注重水生态文明理念的宣传，建有水文化宣传标牌，能及时开展水文化宣传和教育活动等，引导游客践行水生态文明理念，规范其不文明行为。雁栖湖生态发展示范区水文化普及率达 100%。

6.4.1.6　水管理子系统评价指标

水管理数据主要来自 2014 年和 2015 年《北京统计年鉴》《北京怀柔区统计年鉴》《北京市水资源公报》《北京市水土保持公报》《北京市第一次水务普查公报》《北京市河流泥沙公报》《北京市怀柔区第三次全国经济普查主要数据公报》《怀柔区统计公报》，以及北京统计信息网（http：//www.bjstats.gov.cn）、北京市水务局网（http：//www.bjwater.gov.cn）、怀柔信息网（http：//www.bjhr.gov.cn）、雁栖湖生态发展示范区管理委员会网（http：//www.yssg.gov.cn）所公示的相关资料，同时尚缺失的指标数据通过查阅相关文献资料及专家访谈等方法获取。

通过资料收集整理可知，雁栖湖生态发展示范区流域再生水利用率达 80%，取水许可率达 85%，用水计量率达 60%，污水收集与集中处理率达 87.9%，入湖排污口监管率可达 85%，水质监测率为 85%，雁栖湖生态发展示范区水管理体系较为完善，除个别指标外，均能达到良的水平，示范区水生态文明建设相对较好。

6.4.2 评价结果与分析

6.4.2.1 评价方法的确定

关于水生态文明评价研究，目前国内学者主要采用物元可拓评价模型、层次分析法、随机森林回归算法、模糊综合评价法及主成分分析法等方法进行研究。物元可拓评价模型是以物元为基元建立的模型，以物元交换为手段，研究不相容问题的转化与解决，对事物的量变和质变进行定量描述；层次分析法是通过两两之间的比较，判断层次单排序及总排序值，最后计算综合评价指数；主成分分析法是通过线性变换进行降维，用少数主成分替代原多维变量；模糊综合评价法是基于模糊数学法，通过定量分析对一些具有模糊性、不确定性的对象进行综合评价。

基于上述几种方法的对比分析，模糊综合评价法其结构清晰、系统性强且适用性较强，可对主观因素及客观因素进行定量化处理，直接表征评价指标相对应各级评价标准的隶属度，通过最大隶属度原则，进行准确客观的评价。因此，本研究采用模糊综合评价法进行雁栖湖生态发展示范区水生态文明建设评价。

6.4.2.2 评价步骤

1. 评价指标集合的确定

（1）雁栖湖生态发展示范区水生态文明评价指标体系共分为四个层次，目标层 T 由系统层 A_a 构成，a 的取值由目标层下的子系统个数决定，即

$$T = \{A_1, A_2, \cdots, A_a\} \tag{6.4-1}$$

（2）系统层 A_a 由相应的要素层 B_{ab} 构成，b 的取值由系统层下的要素个数决定，即

$$A_a = \{B_{a1}, B_{a2}, \cdots, B_{ab}\} \tag{6.4-2}$$

（3）要素层 B_{ab} 由相应的指标层 C_{ab} 构成，c 的取值由指标层下的指标个数决定，即

$$B_{ab} = \{C_{ab1}, C_{ab2}, \cdots, C_{abc}\} \tag{6.4-3}$$

采用式 (6.4-1)~式 (6.4-3)，可得评价指标集合。

2. 评价等级集合的确定

根据水生态文明评价指标阈值划分，确定水生态文明评价等级模型，即

$$V = \{V_1, V_2, \cdots, V_K, \cdots, V_v\} \tag{6.4-4}$$

式中：V_K 为评价指标 K 的评价级别，K 的取值由具体评价等级个数 v 决定。

根据雁栖湖生态发展示范区水生态文明评价指标阈值划分，根据其阈值划分的上下边界值，分为 5 个评价等级，从优到劣划分为 Ⅰ 级、Ⅱ 级、Ⅲ 级、Ⅳ 级、Ⅴ 级，评价等级集合为：$V = \{v_1, v_2, v_3, v_4, v_5\}$，见表 6.3-14。

3. 各级评价因子权重值的确定

根据 6.2.3 节"雁栖湖生态发展示范区水生态文明建设评价指标"中指标值的计算，可获得各级评价因子权重值（表 6.2-33）。

4. 隶属矩阵的确定

（1）隶属函数的选择。隶属函数主要有矩阵分布、半梯形分布、抛物线分布、正

态分布、柯西分布、岭形分布等形式。水质评价中多使用半梯型分布函数，是由水质指标评价论域的标准值是实数以及水质的隶属度线性分布特点所确定的。在水生态文明评价中，褚克坚等（2015）选择柯西分布函数进行模糊综合评价，评价结果较为客观全面，具有一定的参考意义。因此，结合本书构建的雁栖湖生态发展示范区水生态文明评价指标体系，以及指标评价标准的特点，采用柯西分布函数计算隶属函数值，隶属函数值越大表示该评价指标对于该评价等级隶属程度越高。选用柯西分布函数为隶属度函数时，当评价指标值处于 $v-1$ 级（中间级）中点时，即当 $k=2,3$，中点时，即当时 $r_{abck}=1$；当评价指标值处于 $v-1$ 级（中间级）临界点时，$r_{abck}=0.5$；当评价指标值处于 1 级的左端点、v 级的右端点时，$r_{abck}=1$。故，隶属函数表达式如下：

1）对于第 1 级，即当 $k=1$ 时，

$$r_{abck}=\frac{1}{\left[1+\frac{4}{(S_{abcu}-S_{abcl})^2}\times(x-S_{abcu})^2\right]} \qquad (6.4-5)$$

2）对于第 $v-1$ 级（中间级）时，即当 $k=2,3$ 时，

$$r_{abck}=\frac{1}{\left[1+\frac{4}{(S_{abcu}-S_{abcl})^2}\times\left(x-\frac{S_{abcu}+S_{abcl}}{2}\right)^2\right]} \qquad (6.4-6)$$

3）对于第 v 级（末级）时，即当 $k=v$ 时，

$$r_{abck}=\frac{1}{\left[1+\frac{4}{(S_{abcu}-S_{abcl})^2}\times(x-S_{abcl})^2\right]} \qquad (6.4-7)$$

式中：S_{abcu}、S_{abcl} 分别为评价指标 j 对应级别的上、下边界值。

（2）隶属矩阵的确定。根据隶属函数确定隶属度矩阵，即

$$\boldsymbol{R}_t=\begin{bmatrix} r_{11} & r_{12} & \cdots & r_{1k} \\ r_{21} & r_{22} & \cdots & r_{2k} \\ \vdots & \vdots & \vdots & \vdots \\ r_{a1} & r_{a2} & \cdots & r_{ak} \end{bmatrix} \qquad (6.4-8)$$

$$\boldsymbol{R}_a=\begin{bmatrix} r_{111} & r_{112} & \cdots & r_{11k} \\ r_{221} & r_{222} & \cdots & r_{22k} \\ \vdots & \vdots & \vdots & \vdots \\ r_{ab1} & r_{ab2} & \cdots & r_{abk} \end{bmatrix} \qquad (6.4-9)$$

$$\boldsymbol{R}_{ab}=\begin{bmatrix} r_{1111} & r_{1112} & \cdots & r_{111k} \\ r_{2221} & r_{2222} & \cdots & r_{222k} \\ \vdots & \vdots & \vdots & \vdots \\ r_{abc1} & r_{abc2} & \cdots & r_{abck} \end{bmatrix} \qquad (6.4-10)$$

式中：$\boldsymbol{R}_t$ 为目标层 T 的隶属度矩阵；r_{a1} 为目标层 T 所属的系统层 A 隶属于第 k 种评价等级 V_K 的程度，且满足 $\sum_{a=1}^{k}r_{ak}=1$；$\boldsymbol{R}_a$ 为系统层 A 所属的隶属度矩阵；

r_{abk} 为系统层 A 中的要素层 B 隶属于第 k 种评价等级 V_K 的程度，且满足 $\sum_{b=1}^{k} r_{abk}$ $=1$；$\boldsymbol{R}_{ab}$ 为系统层 A 所属的要素层 B 的隶属度矩阵；r_{abck} 为系统层 A 中的要素层 B 中的 C 指标隶属于第 k 种评价等级 V_K 的程度，且满足 $\sum_{c=1}^{k} r_{abck}=1$。

5. 模糊综合评价集的合成

将已确定的各层次评价指标的权重向量 $\boldsymbol{W}$ 与隶属度矩阵 $\boldsymbol{R}$ 进行模糊乘合成计算，即

$$\boldsymbol{F}=\boldsymbol{W}\cdot\boldsymbol{R} \tag{6.4-11}$$

式中："·"为模糊合成算子。

根据最大隶属度原则确定各层评价等级，即最大隶属度所对应的评价等级，为水生态文明综合评价等级。

6.4.2.3 评价结果分析

雁栖湖生态发展示范区水生态文明评价指标体系共分为四个层次，采用隶属矩阵构造方法，利用式（6.4-5）～式（6.4-10）构造各级评价指标隶属矩阵，利用式（6.4-11）对雁栖湖生态发展示范区水生态文明进行三级模糊综合评价，结果如表6.4-18所示。

表 6.4-18　　　　　雁栖湖生态发展示范区水生态文明评价指标结果

体　系	系统层 A	要素层 B	指标层 C
雁栖湖生态发展示范区水生态文明评价指标体系（Ⅱ）	水安全 A_1（Ⅱ）	防洪安全 B_{11}（Ⅱ或Ⅲ）	防洪工程达标率 C_{111}（Ⅱ或Ⅲ）
		供水安全 B_{12}（Ⅰ）	人均水资源量 C_{121}（Ⅰ）
	水环境 A_2（Ⅳ）	流域水环境 B_{21}（Ⅳ）	水功能区水质达标率 C_{211}（Ⅳ）
		湖泊水环境 B_{22}（Ⅱ）	湖泊富营养化指数 C_{221}（Ⅱ）
			水功能区限制排污总量控制率 C_{222}（Ⅱ）
	水生态 A_3（Ⅲ）	流域生态 B_{31}（Ⅱ）	生物多样性指数 C_{311}（Ⅱ）
		湖泊生态 B_{32}（Ⅲ）	湖泊生态需水满足程度 C_{321}（Ⅲ）
		湿地生态 B_{33}（Ⅰ）	候鸟栖息地面积变化率 C_{331}（Ⅰ）
	水景观 A_4（Ⅱ）	水域自然景观 B_{41}（Ⅰ）	水面面积比例 C_{411}（Ⅱ）
			涉水风景区个数 C_{412}（Ⅱ）
		水域人文景观 B_{42}（Ⅱ）	水景观美景度 C_{421}（Ⅱ）
			水景观设施满意度 C_{422}（Ⅱ）
	水文化 A_5（Ⅱ）	水文化体验 B_{51}（Ⅱ）	虹鳟鱼美食体验 C_{511}（Ⅱ）
			水源与生活文化体验 C_{512}（Ⅱ）
		水文化理念 B_{52}（Ⅰ）	生活节水器具普及率 C_{521}（Ⅱ或Ⅲ）
			水文化普及率 C_{522}（Ⅰ）
	水管理 A_6（Ⅱ）	水资源管理 B_{61}（Ⅱ）	再生水利用率 C_{611}（Ⅱ或Ⅲ）
			取水许可率 C_{612}（Ⅱ）
			用水计量率 C_{613}（Ⅱ）
		水环境管理 B_{62}（Ⅱ）	污水收集与集中处理率 C_{621}（Ⅱ）
			入湖排污口监管率 C_{622}（Ⅱ）
			水质监测率 C_{623}（Ⅱ）

（1）在权重值方面，水环境（0.2636）＝水生态（0.2636）＞水管理（0.2066）＞水安全（0.1318）＞水景观（0.0672）＝水文化（0.0672），水环境和水生态处于较为重要的位置，其次是水管理和水安全，水景观和水文化在整个水生态文明建设中所占权重值虽然较小，但其建设发展水平仍将影响着整个水生态文明发展水平。

（2）水生态文明各指标评价，评价结果较差的是水功能区水质达标率，其所占比重较大（0.1483），评价结果较差为Ⅳ级；其次是湖泊生态需水满足程度，其所占比重最大（0.1926），评价结果相对较差为Ⅲ级；其他指标评价结果均保持在Ⅱ级及以上水平。

（3）水生态文明各子系统评价，其评价结果排序为：水景观（Ⅱ级）≥水文化（Ⅱ级）≥水管理（Ⅱ级）≥水安全（Ⅱ级）＞水生态（Ⅲ级）＞水环境（Ⅳ级），水景观、水文化、水管理系统评价结果较好，均处于Ⅱ级，说明雁栖湖生态发展示范区在水生态文明人文建设方面发展相对较好；水环境质量建设方面，受上游雁栖河来水水质较差影响相对最差，处于较差级别Ⅳ级，表明雁栖湖虽然在示范区建设和水资源保护中得到了较大程度改善，但是雁栖河流域水污染治理与水生态建设方面仍然存在一定的问题，湖泊水质状况仍相对较差；水生态方面评价结果也相对较差，处于Ⅲ级，同时也需要注意到水安全系统的建设和发展，保障该区水安全。

（4）根据最大隶属度原则，雁栖湖生态发展示范区水生态文明状态处于Ⅱ级，发展水平达到相对优良的程度，但是与其发展目标仍然存在一定的距离，还存在着一定的提升空间，这不仅体现出该区水生态文明发展程度较好，同时也为促进雁栖湖生态发展示范区水生态文明建设向更高水平不断发展提供了正确的指导方向。

6.5 示范区水生态文明建设结论与建议

6.5.1 水生态文明建设评价结论

在系统总结国内外关于水生态文明研究成果的基础上，结合雁栖湖流域水生态环境研究现状，以流域水生态文明建设为切入点，以雁栖湖生态发展示范区为重点研究对象，建立了包括6个子系统13个要素共22项指标的雁栖湖生态发展示范区水生态文明评价指标体系，通过现场采样、实地调研、问卷调查、统计资料收集和数学模型等方法，获取了雁栖湖生态发展示范区2016年的基础数据及其相应的研究成果并进行了科学研究与分析，在此基础上运用模糊综合评价法对雁栖湖生态发展示范区水生态文明建设程度进行综合评价，并获得了以下几点认识和结论。

（1）通过统计分析和已有实践研究成果分析相结合的方法，采用频度统计法、重要性评价法及专家咨询法筛选和确定了评价指标，遵循指标体系构建原则，通过层次分析法构建了符合雁栖湖生态发展示范区自然环境特征和人类活动规律的水生态文明评价指标体系，包含水安全、水环境、水生态、水景观、水文化和水管理6个子系统13个要素22项指标；同时在评价指标阈值研究的基础上，将雁栖湖生态发展示范区水生态文明评价划分为Ⅰ、Ⅱ、Ⅲ、Ⅳ、Ⅴ5个级别，并提出了各指标的评价标准。

（2）运用层次分析法计算了各评价级别层次单排序及层次总排序的权重值，采用柯西分布函数计算隶属函数值，并在此基础上通过模糊综合评价法进行了雁栖湖生态发展示范区水生态文明评价模型的构建。

（3）基于构建的雁栖湖生态发展示范区水生态文明评价模型，雁栖湖水功能区水质达标率指标评价结果为Ⅳ级（较差），湖泊生态需水满足程度指标评价结果为Ⅲ级（中），其他指标评价结果均为Ⅱ级（较好）；水景观、水文化、水管理子系统评价结果为Ⅱ级（较好），水生态子系统评价结果为Ⅲ级（中）；水环境子系统评价结果为Ⅳ级（较差），雁栖湖生态发展示范区水生态文明综合评价结果整体较好，为Ⅱ级，水生态文明人文建设方面发展相对较好，水生态环境存在一定问题，水环境质量亟待改善和提高。

（4）针对雁栖湖生态发展示范区水生态文明发展现状和存在的问题，主要从渔场养殖用水量控制及入河污染负荷削减方面提出了水生态文明发展的建议，为其发展提供科学的指导，同时为北方山区小流域开展水生态文明评价提供一定的参考和借鉴。

6.5.2　水生态文明建设建议

基于雁栖湖生态发展示范区水生态文明评价结果，当前雁栖湖生态发展示范区水生态文明建设总体评价较好，但仍然存在上游河流区水环境质量较差、湖泊水体富营养化风险较大、湖泊生态环境用水存在安全风险等问题。为进一步提升雁栖湖生态发展示范区的水生态文明建设水平，提升雁栖湖生态发展示范区作为首都对外展示的窗口和国际会都形象，拟结合雁栖湖生态发展示范区水生态文明建设评价结果，提出以下3点建议。

（1）雁栖湖流域水资源相对较为稀缺，流域内大量的规模化渔场养殖耗费了示范区流域内宝贵的清洁水资源，建议合理控制其养殖规模，减少流域内清洁水资源的消耗，并提高示范区流域居民生产生活用水的节约意识与节水器具的普及推广，以提高示范区流域湖泊生态需水的满足程度。

（2）雁栖湖流域规模化渔场养殖引排水增加的污染物负荷约占入河污染物总量的80%，因此应重点针对渔场养殖单元进行点源控制与入河污染物总量削减，并强化末端拦截与净化处理。据现场调查，渔场养殖废污水未经有效处理直接排入河道，亟须强化渔场养殖废污水处理设施的监管与维护，有效提高渔场养殖废污水处理设施的运行效率，并建议在渔场养殖废污水排水末端建设规模适宜的河岸带滨河湿地系统，以强化渔场养殖废污水的末端拦截与净化效果，并严禁渔场养殖废污水直接排放。

（3）在研究中发现，雁栖河流域规模化渔场养殖废污水中含有大量的颗粒态污染物，入河后大量沉积在河道内和因拦水堰形成的微型塘库内，并在强降雨时段与河道内的植物腐殖质一起随降雨径流进入雁栖湖，逐渐累积并转化为湖泊内源，从而出现枯水期间雁栖湖 TN 浓度远大于上游河道来水 TN 浓度的现象。因此，在雁栖湖流域水污染防治与水生态文明建设过程中，应在严格控制雁栖河上游污染源输入的基础上，加强湖泊内源监测与释放机理方面的研究，系统了解湖泊内源释放对雁栖湖水环境质量的影响，以便有针对性地提出相应的防控对策与管理措施。

参 考 文 献

[1] 白丽，2013. 山西水生态文明建设对策研究 [J]. 中国水利 (12)：4-7.

[2] 白杨，黄宇驰，王敏，等，2011. 我国生态文明建设及其评估体系研究进展 [J]. 生态学报，31 (20)：6295-6304.

[3] 蔡建平，葛贻华，黄光谱，2013. 山东省水生态文明城市创建工作的启示 [J]. 江淮水利科技 (3)：5-6，11.

[4] 蔡绍洪，1998. 耗散结构与非平衡相变原理及应用 [M]. 贵阳：贵州科技出版社.

[5] 陈丁江，吕军，金培坚，等，2010. 非点源污染河流水环境容量的不确定性分析 [J]. 环境科学，31 (5)：1215-1219.

[6] 陈进，2013. 水生态文明建设的方法与途径探讨 [J]. 中国水利 (4)：4-6.

[7] 陈君，2001. 生态文明：可持续发展的重要基础 [J]. 中国人口·资源与环境 (S2)：2-3.

[8] 陈克亮，时亚楼，林志兰，等，2012. 基于突变理论的近岸海域生态风险综合评价方法——以罗源湾为例 [J]. 应用生态学报，23 (1)：213-221.

[9] 陈璞，2014. 水生态文明城市建设的评价指标体系研究 [D]. 济南：济南大学.

[10] 陈新美，王利杰，李楠，2013. 邯郸市创建水生态文明城市初探 [J]. 河北水利 (6)：24-25.

[11] 褚克坚，仇凯峰，贾永志，等，2015. 长江下游丘陵库群河网地区城市水生态文明评价指标体系研究[J]. 四川环境，34 (6)：44-51.

[12] 崔保山，杨志峰，2003. 湿地生态环境需水量等级划分与实例分析 [J]. 资源科学，25 (1)：21-28.

[13] 崔凤军，1998. 城市水环境承载力及其实证研究 [J]. 自然资源学报，13 (1)：58-62.

[14] 崔树彬，李韶旭，袁丽华，宋世霞，2001. "十五"期间实现黄河水资源开发和水环境保护的同步发展 [J]. 人民黄河 (8)：24-25.

[15] 丁惠君，刘聚涛，袁桂香，等，2014. 江西省莲花县水生态文明建设评价指标体系构建[J]. 江西水利科技 (3)：165-170.

[16] 董飞，刘晓波，彭文启，2014. 地表水水环境容量计算方法回顾与展望 [J]. 水科学进展，25 (3)：451-463.

[17] 董玲燕，陈广方，孙可可，等，2015. 高原湖泊城市水生态文明建设评价指标体系探讨——以玉溪市为例 [C]// 2015 全国河湖治理与水生态文明发展论坛.

[18] 杜立群，张朝晖，李婷，2015. 规划引领 协同实施：北京雁栖湖生态发展示范区规划实践 [J]. 北京规划建设 (1)：16-23.

[19] 方国华，于凤存，曹永潇，2007. 中国水环境容量研究概述 [J]. 安徽农业科学，35 (27)：8601-8602.

[20] 冯启申，李彦伟，2010. 水环境容量研究概述 [J]. 水科学与工程技术 (1)：11-13.

[21] 付意成，许文新，付敏，2010. 我国水环境容量现状研究 [J]. 中国水利 (1)：26-31.

[22] 戈蕾，2010. 生态文明城市建设规划及其指标体系研究 [D]. 长沙：湖南农业大学.

[23] 韩春，2010. 太湖流域水生态文明建设的对策研究 [D]. 合肥：合肥工业大学.

[24] 赫尔曼·哈肯，2005. 协同学：大自然构成的奥秘 [M]. 上海：上海译文出版社.

[25] 胡春宏，张治昊，2012. 黄河下游河道萎缩过程中洪水水位变化研究 [J]. 水利学报，43 (8)：883-890.

[26] 胡开明，逄勇，王华，等，2011. 大型浅水湖泊水环境容量计算研究 [J]. 水力发电学报，

30（4）：135 −141.

[27] 黄苗，2013. 水生态文明建设的指标体系探讨［J］. 中国水利（6）：17 − 19.

[28] 姜海萍，朱远生，2013. 完善水资源保护与水生态修复体系推进珠江流域水生态文明建设［J］. 中国水利（13）：61 − 63.

[29] 姜欣，许士国，练建军，等，2013. 北方河流动态水环境容量分析与计算［J］. 生态与农村环境学报，29（4）：409 − 414.

[30] 来长青，刘传忠，程继鲁，孙剑，2003. 西伯利亚鲟配合饲料研究［J］. 水利渔业，23（2）：53 − 57

[31] 李成仁，岳东杰，于双，等，2014. 基于 Otsu 方法点云粗分类的渐进三角网滤波算法研究［J］. 测绘工程，23（7）：34 − 37.

[32] 李川，2008. 水环境承载力量化方法的研究进展［J］. 环境科学与管理，33（8）：66 − 69.

[33] 李磊，贾磊，赵晓雪，等，2014. 层次分析—熵值定权法在城市水环境承载力评价中的应用［J］. 长江流域资源与环境，23（4）：456 − 460.

[34] 李清龙，闫新兴，2005. 水环境承载力量化方法研究进展与展望［J］. 地学前缘，12（s1）：43 − 48.

[35] 李双成，张才玉，刘金龙，等，2013. 生态系统服务权衡与协同研究进展及地理学研究议题［J］. 地理研究，32（8）：1379 − 1390.

[36] 李新，石建屏，曹洪，2011. 基于指标体系和层次分析法的洱海流域水环境承载力动态研究［J］. 环境科学学报，31（6）：1339 − 1344.

[37] 林利民，王重庆，2006. 俄罗斯鲟配合饲料蛋白质最适水平研究［J］. 集美大学学报（自然科学版），11（3）：208 − 211.

[38] 凌复华，1987. 突变理论及其应用［M］. 上海：上海交通大学出版社.

[39] 刘家寿，崔奕波，刘建康，1997，网箱养鱼对环境影响的研究进展［J］. 水生生物学报（2）：42 − 44.

[40] 刘晶，刘杰，2016. 山体景观生态修复技术及运用浅议——以雁栖湖生态发展示范区山体修复为例［J］. 北京园林（01）：24 − 30.

[41] 刘树坤，2003. 水利建设中的景观和水文化［J］. 水利水电技术，34（1）：30 − 32.

[42] 刘雅鸣，2013. 深入贯彻实施长江流域综合规划着力推进流域水生态文明建设［J］. 人民长江，44（10）：1 − 4.

[43] 刘振乾，段舜山，李爱芬，等，2004. 湿地蓄水量动态 SD 仿真研究——以三江平原沼泽湿地为例［J］. 地理与地理信息科学，20（1）：54 − 56.

[44] 马建华，2013. 推进水生态文明建设的对策与思考［J］. 中国水利（10）：1 − 4.

[45] 钱敏蕾，李响，徐艺扬，等，2015. 特大型城市生态文明建设评价指标体系构建——以上海市为例［J］. 复旦学报（自然科学版），54（4）：389 − 397.

[46] 司毅铭，2013. 黄河流域水生态文明建设的探索与实践［J］. 中国水利（15）：60 − 62.

[47] 唐克旺，2013. 水生态文明的内涵及评价体系探讨［J］. 水资源保护（4）：1 − 4.

[48] 唐献力，郭宗楼，2006. 水环境容量价值及其影响因素研究［J］. 农机化研究（10）：45 − 48.

[49] 涂敏，2008. 基于水功能区水质达标率的河流健康评价方法［J］. 人民长江，39（23）：130 − 133.

[50] 汪恕诚，2002. 水环境承载能力分析与调控［J］. 水利规划与设计（1）：3 − 7.

[51] 王俭，李雪亮，李法云，等，2009. 基于系统动力学的辽宁省水环境承载力模拟与预测［J］. 应用生态学报，20（9）：2233 − 2240.

[52] 王建华，胡鹏，2013. 水生态文明评价体系研究［J］. 中国水利（15）：39 − 42.

[53] 王乃亮，王雪玲，王成元，等，2015. 水资源承载力与水环境承载力概念辨析［J］. 甘肃农

业科技（12）：69－71.

[54] 王世金，魏彦强，2017. 生态安全阈值研究述评与展望 [J]. 草业学报，26（1）：195－205.

[55] 王涛，张萌，张柱，等，2012. 基于控制单元的水环境容量核算研究——以锦江流域为例 [J]. 长江流域资源与环境，21（3）：283－287.

[56] 王文珂，2012. 水生态文明城市建设实践思考 [J]. 中国水利（23）：33－36.

[57] 肖辉杰，魏自刚，王庆，等，2012. 北京山区小流域生态经济效益评价——以雁栖河小流域为例 [J]. 应用生态学报，23（12）：3479－3487.

[58] 邢有凯，余红，肖杨，等，2008. 基于向量模法的北京市水环境承载力评价 [J]. 水资源保护，24（4）：1－9.

[59] 徐国宾，杨志达，2012. 基于最小熵产生与耗散结构和混沌理论的河床演变分析 [J]. 水利学报，43（8）：948－956.

[60] 荀文会，刘友兆，吴冠岑，2007. 基于耗散结构理论的耕地资源利用与保护 [J]. 经济地理，27（1）：141－144.

[61] 杨静，2014. 改进的模糊综合评价法在水质评价中的应用 [D]. 重庆：重庆大学.

[62] 杨丽花，佟连军，2013. 基于BP神经网络模型的松花江流域（吉林省段）水环境承载力研究 [J]. 干旱区资源与环境，27（9）：135－140.

[63] 俞孔坚，轰伟，李青，等，2015. "海绵城市"实践：北京雁栖湖生态发展示范区控规及景观规划 [J]. 北京规划建设（1）：26－31.

[64] 张瀚颋，2014. 济南市水生态文明体系探讨 [D]. 济南：山东大学.

[65] 张翔，夏军，贾绍凤，2005. 水安全定义及其评价指数的应用 [J]. 资源科学，27（3）：145－149.

[66] 张曰良，2013. 济南市水生态文明建设实践与探索 [J]. 中国水利（15）：66－68.

[67] 赵好战，2014. 县域生态文明建设评价指标体系构建技术研究——以石家庄市为例 [D]. 北京：北京林业大学.

[68] 赵慧霞，吴绍洪，姜鲁光，2007. 生态阈值研究进展 [J]. 生态学报，27（1）：338－345.

[69] 赵雯砚，杨建新，刘晶茹，2014. 水生态文明建设进展与思考 [C]// 中国人口·资源与环境2014年专刊——2014中国可持续发展论坛.

[70] 周刚，雷坤，富国，等，2014. 河流水环境容量计算方法研究 [J]. 水科学报，45（2）：227－242.

[71] 左其亭，陈豪，张永勇，2015. 淮河中上游水生态健康影响因子及其健康评价 [J]. 水利学报，46（9）：1019－1027.

[72] 左其亭，罗增良，赵钟楠，2014. 水生态文明建设的发展思路研究框架 [J]. 人民黄河（9）：4－7.

[73] ALEXANDERJ P, 2001. Ecological rehabilitation of the Dutch part of the River Rhine with special attention to the fish [J]. Regulated Rivers Research & Management, 17（2）：131－144.

[74] AN K G, PARK S S, SHIN J Y, 2003. An evaluation of a river health using the index of biological integnity along with relations to cheminical and habitat conditions [J]. Environment international, 28（5）：411－420.

[75] BAIN M B, HARIG A L, LOUCKS D P, et al, 2000. Aquatic ecosystem protection and restoration：advances in methods for assessment and evaluation [J]. Environmental Science & Policy, 3：89－98.

[76] BOON P J, DAVIES B R, PETTS G E, 2001. Global perspectives on river conservation：science, policy and practice [J]. Biological Conservation, 99（2）：261－262.

[77] FOX H R, WILBY R L, MOORE H M, 2001. The impact of river regulation and climate change on the barred estuary of the Oued Massa, southern Morocco [J]. Regulated Rivers Research & Management, 17（3）：235－250.

[78]　KARR J R, 2000. Defining and measuring river health [J]. Freshwater Biology, 41 (2): 221 - 234.

[79]　LADSON A R, WHITE L J, DOOLAN J A, et al, 1999. Development and testing of an Index of Stream Condition for waterway management in Australia [J]. Freshwater Biology, 41 (2): 453 - 468.

[80]　OFENVIRONMENT D, 2002. Australian River Assessment System: AusRivAS Physical Assessment Protocol [J]. Department of the Environment.

[81]　SCHULZ R, GREENLEY J R, et al, 2013. Hyporheic invertebrates as bioindicators of ecological health in temporary rivers: A meta - analysis [J]. Ecological Indicators, 32 (3): 62 - 73.

[82]　STYERS D M, CHAPPELKA A H, MARZEN L J, et al, 2010. Scale matters: Indicators of ecological health along the urban - rural interface near Columbus, Georgia [J]. Ecological Indicators, 10 (2): 224 - 233.

[83]　VUGTEVEEN P, LEUVEN R S E W, HUIJBEGTS M A J, et al, 2006. Redefinition and Elaboration of River Ecosystem Health: Perspective for River Management [J]. Hydrobiologia, 565 (1): 289 - 308.

参考文献